ANNUAIRE

DU CULTIVATEUR,

POUR

LA TROISIÈME ANNÉE

DE

LA RÉPUBLIQUE.

AVIS

DES ÉDITEURS.

LES citoyens *Dubois* et *Lefebvre*, qui sont du nombre de ceux qui ont concouru à la rédaction de *l'Annuaire du Cultivateur*, et qui, sur la demande de plusieurs départemens, d'après les offres qu'ils leur avoient faites, en publient cette édition, exécutée sur celle originale de la Convention Nationale, sont aussi les rédacteurs de la *Feuille du Cultivateur*, dont la *cinquième* année a commencé le premier nivôse. Pour donner une idée aussi exacte que complette de son utilité, il suffit de dire, 1°. que le Comité d'Agriculture et des Arts de la Convention Nationale, par sa décision du 23 frimaire de cette année, a arrêté que la distribution de cette Feuille, faite dans les départemens par la Commission exécutive d'Agriculture et des Arts, en vertu d'un arrêté du Comité de Salut public, du 2 germinal de l'an deuxième, seroit augmentée, à compter du premier nivôse. 2°. Que plusieurs départemens la font traduire dans l'idiôme le plus familier aux cultivateurs ordinaires, et que d'autres, ne trouvant pas suffisant le nombre d'exemplaires qui leur est adressé par la Commission, ont souscrit particulièrement pour un plus grand, et ont engagé, dans les termes les plus pressans, les districts, les cantons, les municipalités, et les sociétés populaires de leur arrondissement à se la procurer.

On ne traite pas seulement, dans cette Feuille, de tous les objets de grande culture, on donne encore, à chaque saison, des instructions rédi-

gées d'après des expériences suivies par les meilleurs observateurs, sur les arbres fruitiers et les
plantes potagères, sur les fleurs, les arbres et les
arbustes d'agrément, sur l'éducation des volailles
et des animaux de basse-cour. Les citoyens qui
n'ont d'autres propriétés que des jardins de
quelques arpens, et même moins, peuvent donc
trouver dans cette Feuille des pratiques utiles pour
en augmenter le produit et l'agrément.

Elle paroît deux fois par décade : elle est composée alternativement d'une feuille *in-4°.* à deux
colonnes et d'une demi-feuille, petit-romain
non-interligné, toujours sur beau papier, et d'une
typographie soignée. On donne des supplémens,
des planches gravées, et à la fin de chaque année,
une table raisonnée des matières, et une des
noms des auteurs.

L'augmentation des frais de poste, la cherté
du papier et de la main-d'œuvre, forcent à
fixer à l'avenir le prix de l'abonnement, à 18 liv.
par an pour Paris, et à 20 liv. pour les départemens, franc de port. On ne souscrit que pour
l'année, qui commence toujours au premier
nivôse.

S'adresser, pour souscrire, aux adresses indi-
quées à la tête de l'Annuaire, chez le C. LEFEBVRE,
Marchand, rue de Rohan, n°. 23, vis-à-vis
celle des Quinze-vingts, à Paris, chez lequel on
trouve aussi cet Annuaire ; et chez les Directeurs
de la poste.

Les quatre premières années de la Feuille du
Cultivateur et son Introduction, formant 5 vol.
in-4°. se vendent 75 liv. brochés et francs de port.

Le Barbier l'ainé In.   Gravé par L. M. Halbou

Quand des tyrans ligués la horde fut vaincue,
Il déposa son arme et reprit la charrue.

ANNUAIRE DU CULTIVATEUR,

POUR

LA TROISIÈME ANNÉE

DE

LA RÉPUBLIQUE,

Présenté le 30 Pluviôse de l'An IIe

A LA CONVENTION NATIONALE,

Qui en a décrété l'impression et l'envoi, pour servir aux Écoles de la République;

Par *G. ROMME*, *Représentant du Peuple*.

Les citoyens qui ont concouru à ce travail, en communiquant les vérités utiles qu'ils doivent à leur expérience et à leurs méditations, sont : *Cels*, *Vilmorin*, *Thouin*, *Parmentier*, *Dubois*, *Desfontaines*, *Lamark*, *Préaudaux*, *Lefevre*, *Boutier*, *Chabert*, *Flandrin*, *Gilbert*, *Daubenton*, *Richard* et *Molard*.

A PARIS,

DE L'IMPRIMERIE NATIONALE DES LOIS.

An IIIe de la République.

SUJET
DU FRONTISPICE.

CINCINNATUS est, sans doute, un modèle bien digne d'être offert à des hommes qu'un nouveau gouvernement doit régénérer.

Ce vertueux Républicain ne possédoit qu'un petit domaine, qu'il cultivoit lui-même dans sa vieillesse, après avoir consacré les beaux jours de sa jeunesse à la patrie. Élu consul par le peuple, dans des temps difficiles, on le tira malgré lui de son champ, pour exercer cette première magistrature de Rome. Il sut, par une sage fermeté, faire naître & maintenir la tranquillité publique; mais il rentra bientôt dans ses foyers champêtres.

Les *Eques* & les *Volsques* s'étant avancés sur le territoire de Rome, on jeta les yeux sur lui pour les repousser. — *Qui cultivera mon champ cette année*, dit-il aux députés du sénat envoyés vers lui? — Néanmoins il ne balança pas à se rendre où l'appeloit le danger de la république. Il mit tant d'activité dans ses préparatifs, tant de prudence dans ses plans, qu'il surprit, au milieu d'une nuit, les ennemis dans leur camp, les battit & les réduisit à demander une paix, qu'ils n'obtinrent qu'à la condition honteuse de passer sous le joug. Le péril dont il venoit de sauver Rome, avoit été l'effet de l'impéritie du consul *Minucius*, qui s'étoit laissé surprendre par les *Eques*. *CINCINNATUS* lui fit abdiquer le consulat, & le réduisit au plus simple grade: *Vous apprendrez*, lui dit-il, *la guerre comme lieutenant, avant de commander des légions comme consul*. Rome lui décerna le triomphe; elle lui offrit des terres,

A

des beftiaux, des efclaves : il refufa tout, quitta la dictature à laquelle on l'avoit promu, & alla reprendre fa charrue & dépofer fes armes victorieufes. Elu pour la feconde fois dictateur à l'âge de quatre - vingts ans, il triompha des *Préneftiens*, & s'empreffa d'abdiquer pour reprendre fes travaux agreftes.

Tel fut ce Romain fimple & fublime, auffi grand, dit l'hiftoire, quand fes mains victorieufes traçoient un fillon, que lorfqu'il dirigeoit les rênes de l'état & triomphoit des ennemis de fon pays.

AVERTISSEMENT.

PEU de jours après la présentation de cet ouvrage à la CONVENTION NATIONALE, G. Romme est parti pour une mission qui a duré sept mois. Dans l'impression qui a été faite pendant son absence, Prairial a été omis en entier, et plusieurs fautes graves se sont glissées dans les autres mois. Le comité d'instruction publique, sur le compte qui lui en a été rendu, a arrêté, le 6 Frimaire de l'an troisième, la réimpression de l'ouvrage dont plusieurs articles ont été retouchés, quelques-uns refaits en entier : on y a ajouté une table des pesanteurs spécifiques, une explication de quelques mots peu usités de l'Annuaire, et une table alphabétique.

DISCOURS PRÉLIMINAIRE.

DANS un moment où l'organiſation d'un nouveau gouvernement appelle tous les eſprits aux diſcuſſions politiques, il eſt une branche eſſentielle du bien public, qui doit fixer d'autant plus l'attention de tous les citoyens, qu'outre tous les avantages de tout genre qui en dépendent, leur exiſtence même y eſt immédiatement attachée. Cette branche ſi négligée, & ce qui eſt bien plus barbare, ſi déshonorée & ſi affaiſſée ſous l'ancien régime, malgré les réclamations impuiſſantes de quelques hommes qui en ſentoient l'importance, eſt *l'agriculture*.

L'agriculture qui fournit à l'homme ſa nourriture & ſon vêtement, aux manufactures & au commerce leurs matières, aux villes l'entretien de leurs nombreux habitans, à l'état entier ſa puiſſance la plus réelle & ſa richeſſe la plus indépendante ; l'agriculture qu'il ſuffit de nommer pour éveiller l'attention du politique,

& pénétrer les ames fenfibles des plus doux fentimens; cet art divinifé par la reconnoiffance des premieres générations qui le connurent, & devenu plus intéreffant pour nous encore par fes rapports fi naturels avec la régénération de la liberté & des mœurs, eft l'objet de l'ouvrage périodique que nous entreprenons.

Malgré l'affentiment unanime que trouvent par-tout les premières vérités que nous venons d'énoncer fur l'agriculture, nous croirions néanmoins ne donner d'un tel fujet que des idées infuffifantes, fi nous nous bornions à les préfenter par ces confidérations générales. Dans un pays tel que la France, où l'on a toujours parlé de cet art comme les poëtes y parloient de l'état des bergers, fans que l'on en fût plus empreffé d'y rechercher ces biens, dont on fembloit ne vouloir que de romanefques defcriptions; dans un pays où l'on n'a ceffé de vanter l'agriculture en laiffant les campagnes à l'abandon, il eft néceffaire peut-être d'en expofer plus particulièrement les rapports.

On a répété depuis long-temps que tous les biens venoient de la terre. Cette vérité paffoit fans contradiction de bouche en bouche dans les villes & même dans les cours, où l'on n'en agiffoit pas moins comme fi elle n'y eût jamais été connue; & aujourd'hui même, après avoir vu brifer les entraves de cette terre qui le nourrit, le citadin paroît, dans plufieurs circonftances, regretter en quelque forte la juftice qui a été faite à cette mère commune, & méconnoître les avantages infinis qu'il doit en attendre pour lui-même.

La terre eft donc une fource de biens pour l'homme; voilà ce dont tout le monde convient : mais qu'eft-elle

fans le génie de l'homme , & fans fes moyens ! c'eft
ce dont on ne paroît pas peut-être affez s'occuper.
Voilà pourquoi depuis quatre ans que la révolution a
femblé fe faire d'abord tout en faveur de l'agriculture , elle
n'a prefque rien recueilli encore de tous les avantages
que ces premières réformes lui avoient annoncés.

C'eft beaucoup fans doute , & plus qu'on n'avoit pu
efperer avant la convocation des *états-généraux* , d'avoir
détruit le régime féodal & celui des dixmes , avec les
préjugés atroces qui , en reléguant dans la dernière des
profeffions celle du cultivateur , avoient attaché une
efpèce d'opprobre à fon genre de vie ; mais avant
d'expofer les befoins preffans qu'éprouve encore l'agriculture , malgré cette heureufe révolution , arrêtons-nous
quelques momens fur les befoins que nous avons nous-
mêmes de cet art inappréciable qui nous eft à peine connu.

Nous tendons à accroître notre population , & en
même temps des inquiétudes nous agitent au fujet de
nos fubfiftances. Ces inquiétudes , mal fondées il eft
vrai , n'ont d'autre caufe que les erreurs populaires ,
qui , en troublant la circulation des grains , ont produit
des difettes locales dans des contrées où les fubfiftances
n'avoient pu fe porter. Il a fuffi des juftes réclamations
de ces pays de détreffe , pour remplir d'alarmes toutes
les parties de la république où elles ont retenti. Mais
fi , au milieu même de cet état , l'agriculture , d'où
proviennent les fubfiftances , paroît toujours plus oubliée
dans nos difcuffions politiques , quel exemple ne donnons-
nous pas de notre propre inconféquence !

C'eft en idée un raviffant fpectacle , que celui d'un
grand peuple réparti fur un territoire uniquement occupé

par des familles agricoles, qui ne connoîtroient que la nature, & les premiers besoins auxquels leurs plus simples travaux pourroient pourvoir.

Mais quelque riante que soit cette image, on ne trouve point, en l'examinant de près, qu'elle puisse remplir les idées que l'imagination se plaît à s'en former par ces considérations abstraites. Sans parler de tous les arts d'agrément que le génie de l'homme a reçu le don d'enfanter pour multiplier ses jouissances, ni même de ces arts moins frivoles, où l'esprit humain semble appelé à de plus hautes destinées, soit pour perfectionner nos moyens de défense contre des invasions étrangères, soit pour dompter les élémens qui peuvent nous servir ou nous nuire ; en supposant l'espèce humaine toute entière dans l'état agricole, l'art de l'agriculture, considéré seulement sous le rapport des plus simples besoins, seroit nul par lui-même, & presque totalement ignoré.

La corrélation qui existe entre tous les arts est telle, que le plus indifférent, en apparence, à la félicité du genre humain, peut avoir les influences les plus puissantes sur celui qui lui fournit ses premiers alimens.

Si les besoins de l'homme s'étendent jusqu'à l'infini, vers les jouissances que son industrie lui a créées avec une variété inépuisable, ces mêmes besoins se restreignent aussi jusqu'au point de lui faire méconnoître ses ressources & ses facultés, lorsque rien ne l'excite à les faire valoir : heureux, du moins, si, en cet état de la plus extrême simplicité, il pouvoit être exempt des maux auxquels il se trouve assujetti dans sa plus grande civilisation ! Mais l'exemple des peuples sauvages sujets aux passions & aux vices, & de plus exposés continuellement aux ravages de tous les fléaux auxquels ils ne savent point ſe ſouſtraire , détruit cette flatteuſe ſuppoſition. Le bonheur , ou ſeulement l'exiſtence du genre humain réſidant dans quelques familles iſolées , & diſperſées ſur le globe , ſans autre communication entre elles , ſeroient des idées bien plus inadmiſſibles.

La raiſon ne peut donc voir les hommes que dans l'état de civiliſation , mais là, toujours forcés par leurs beſoins & leurs paſſions, de cultiver & de créer tous les arts ; dans de grandes ſociétés , liées entre elles par une foule de relations néceſſaires , & néanmoins réduites à s'envier , à ſe ſurpaſſer , à ſe choquer & ſouvent même à ſe combattre de tous leurs efforts.

Dans cet état inévitable, où de grandes aſſociations reſpectivement preſſées les unes par les autres, ſont toujours portées à ſe redouter & à s'obſerver , tous aſpirent plus ou moins aux avantages de l'induſtrie & de la richeſſe, pour multiplier leurs jouiſſances, & à l'accroiſſement de leur population pour leur propre ſûreté.

Elles fondent principalement leur force ſur la nombreuſe population des villes, où les hommes ſe trouvent le plus multipliés par le concours des arts qui les y occupent & qui les y attirent. L'induſtrie qui naît & ſe développe par l'effet de ces réunions mêmes , modifie chaque jour les matières dont elle forme de nouveaux objets d'agrément & d'utilité, qui deviennent toujours pour la ſociété des richeſſes réelles, par le prix qu'y attache le déſir de les poſſéder ; & l'invention de ces nouvelles richeſſes ne ceſſe d'appeler dans la ſociété un plus grand nombre d'individus , pour concourir à les reproduire , & pour en partager les avantages.

Le concours des hommes raſſemblés dans les grandes cités, y fait éclorre auſſi les ſciences, moins indifférentes que ne croit le vulgaire à son aifance & à fon bonheur (1). Les mathématiques, l'aſtronomie, la chimie & la phyſique ouvrent de nouveaux moyens de perfection & d'extenſion aux fabriques, au commerce, & juſqu'aux arts les plus humbles; mais ſur tout à ceux qui importent le plus immédiatement à la défenſe des ſociétés, tels que la marine, l'artillerie & les fortifications.

Enfin tous les foyers d'induſtrie & de lumières ſont dans les grandes villes. Tous les travaux qui donnent aux objets manufacturés des valeurs ſi ſupérieures à celle de leurs matières même, ont beſoin de ces grandes réunions d'hommes; & la défenſe des lignes qui circonſcrivent notre immenſe territoire, nous oblige de les tenir continuellement garnies par des troupes nombreuſes, uniquement conſacrées à cet emploi.

Cependant que deviendroient nos armées, nos grandes villes, nos manufactures, nos ſciences & nos arts, & notre liberté même, ſi notre agriculture ne nous fourniſſoit pas les moyens de les maintenir ? Nos nouvelles loix ont ſagement attaqué & preſque détruit le célibat ; & nous ne pouvons compter que ſur notre agriculture, pour préparer des reſſources à la génération qui va s'accroître.

En vain nous parleroit-on des reſſources du commerce pour pourvoir à de ſi grands beſoins. Nous ſommes bien loin de dépriſer un moyen auſſi fécond d'abondance & de

---

(1) Il ſeroit à ſouhaiter que quelqu'un compoſât un ouvrage, où ſeroient décrits tous les avantages que les arts & métiers ont retirés des ſciences depuis quelques années. Cet ouvrage écrit de manière à être entendu de la multitude, lui donneroit de nouvelles idées ſur l'utilité des ſciences, qu'elle croit trop ſouvent & trop malheureuſement n'être bonnes à rien.

richeffe; mais le mot de commerce a plufieurs acceptions, & préfente des rapports très-divers, parmi lefquels on eft fujet à s'égarer.

Qu'une petite république, telle que Genève, qui n'a qu'une ville pour territoire, tourne tous fes efforts vers l'induftrie manufacturière & vers le commerce d'exportation, qui lui rapporte des fubfiftances en retour de fes produits; elle tire le meilleur parti poffible de la fituation défavantageufe où elle fe trouve placée. Que la Hollande, au milieu des eaux, pourvoie à la fubfiftance de fes nombreux habitans, par fes excurfions dans toutes les mers, où la jette fa pofition même; elle remplace habilement par un art indifpenfable, mais très-facile pour elle, ce que la nature lui a d'ailleurs refufé. Mais s'enfuit-il que pour fuivre ces exemples en aveugles, nous devions négliger ce que nous avons nous-mêmes fous les mains? Les premières loix de l'économie, comme celles du bon fens, ne font-elles pas de tirer parti d'abord de tout ce qu'on peut tirer de chez foi? Si la France a des terres incultes, fi celles qui font cultivées rapportent à peine la moitié de ce qu'elles pourroient produire; fi en fait de commerce, l'opération la plus clairement lucrative pour une nation, eft de mettre en œuvre elle-même toutes les matières qu'elle peut tirer de fon fein, il feroit déraifonnable de faire dépendre notre exiftence de ces fecours précaires, que tant de viciffitudes peuvent faire manquer, & les caprices inhumains de quelques defpotes arbitrairement refufer.

Le commerce extérieur n'eft conftamment avantageux, qu'autant qu'il eft au moins réciproque. La nation qui attend des autres plus d'objets qu'elle ne leur en fournit, marche à grands pas vers fa ruine; mais elle n'a fur-tout

(14)

qu'une exiftence incertaine, & elle eft toujours à la veille
de tomber dans le néant, ou de fubir le joug, telle que
foit fa fplendeur apparente, s'il faut qu'elle attende
d'ailleurs les objets qui font pour elle de première néceffité.

Laiffons écouler par tous les canaux du commerce
extérieur, ce que nous aurons de fuperflu dans tous les
ouvrages que créeront à l'envi les nombreux ouvriers de
nos manufactures, & dans toutes nos productions. Mais
s'il eft temps enfin de nous affranchir des tributs énormes
que nous avons payés fi honteufement jufqu'à ce jour
aux nations étrangères, pour des moutons, des bœufs,
des fuifs, des peaux, des laines, des cuirs, & tant
d'autres objets que notre fol auroit pu aifément nous
fournir, tandis que nous le négligions; n'eft-il pas auffi
urgent d'améliorer le fort de tous les citoyens, par la
multiplication des beftiaux, dont la rareté trop remarquable dans notre agriculture, éloigne fi cruellement des
trois quarts d'entre eux, l'ufage des meilleurs alimens?

Que l'agriculture Françoife double fes produits en
grains, comme elle le peut, elle nourrira aifément
une population plus nombreufe, dont les ouvrages
multipliés accroîtront fes richeffes. Qu'elle triple, qua-
druple même fes beftiaux, comme elle le peut encore,
tous les ouvriers des villes & des campagnes auront
abondamment de la viande; & par ce moyen, confommant
moins de pain, ils feront moins fujets à ces convulfions
terribles, où les jettent les moindres alarmes fur les
grains. Nos autres befoins demandent de plus à l'agriculture, des augmentations de laines, de foies, de fils,
de cuirs, de fubftances colorantes, & d'une infinité de
matières propres aux manufactures que nous propofons
fi aifément d'établir, & aux befoins de tant de citoyens

qui manquent de vêtemens, parce que ces matières font parmi nous trop peu abondantes.

Mais pour nous donner tous ces fecours, la terre immenfe & précieufe que nous poffédons, cette terre attend auffi que nous nous retournions enfin vers elle. Si depuis cent ans la France a totalement changé, fous le rapport du commerce & des arts, celui de l'agriculture y eft demeuré conftamment au même point depuis des fiècles. Comment cet art n'a-t-il pu faire les moindres progrès, quoique le régime féodal eût perdu graduellement de fon ancienne barbarie, & que le defpotifme même eût paru lui donner quelques foibles fignes d'une attention tardive dans fes derniers momens ? La caufe de cette fingularité n'eft pas entièrement dans ces entraves directes dont la révolution a délivré l'agriculture.

L'induftrie fe développe, les arts fe perfectionnent rapidement par l'imitation & par la comparaifon, mais fur-tout par la réunion des artiftes, & par la communication des idées & des lumières. Or le cultivateur vivant ifolé, ne s'inftruit pour l'ordinaire que par ce qu'il fait lui-même, & ne reçoit d'autre exemple que l'ufage uniforme & éternel du canton qu'il habite. Si quelquefois un génie plus heureux parvient à quelque point de fupériorité, fes procédés qui n'ont que peu de témoins, ne s'étendent point au-delà du terrain qu'il cultive, & fon talent périt avec lui.

Jufqu'à ce moment, l'agriculture n'a été pratiquée en France, que par des hommes d'une fortune modique, ou le plus généralement nulle, & d'une éducation négligée. La modicité de leurs facultés ne leur permettant point de hafarder des expériences, ni d'entreprendre des voyages pour s'éclairer par des comparaifons, comme on le fait dans les autres arts, l'état de leurs esprits peu exercés à combiner un certain nombre d'idées, les retenoit étroitement resserrés dans l'ornière de la routine, sur l'exemple de leurs anciens.

Les nombreux écrits publiés sur l'agriculture, depuis le milieu de ce siècle, & tous les efforts des sociétés savantes, n'ont presque rien produit dans les campagnes ; soit que ces instructions n'y fussent point assez répandues, soit que leurs théories, tantôt trop générales, & tantôt trop exclusivement applicables à quelques localités, y fussent décréditées comme des principes ou trop vagues, ou trop indifférens au plus grand nombre.

Mais un autre obstacle aux progrès de l'agriculture, s'est trouvé dans la vertu même des cultivateurs. Tandis que, sous l'ancien régime, les hommes de toutes les professions étoient classés en corporations plus ou moins imposantes par leur force d'organisation & de réunion. les cultivateurs seuls étoient des hommes épars, étrangers à toute ligue & à tout esprit de corps. Des communautés d'arts les moins intéressans étoient en possession d'une sorte de magistrature, qui luttoit, dans bien des circonstances, contre le pouvoir même des magistrats. Les autres corporations avoient mille moyens puissans de défendre contre les autorités, leurs droits ou leurs intérêts privés. Les marchands de quelques villes entretenoient auprès du gouvernement des agens soudoyés, qui en stipulant les avantages particuliers de leurs commettans, s'intituloient *députés du commerce*, & obtenoient souvent sous ce titre spécieux, les concessions qui leur étoient convenables contre le bien général. Les cultivateurs au contraire, sans corporation, sans protection, sans organes pour exposer leurs malheurs & leurs besoins , oubliés, vexés, foulés, humiliés

humiliés jufqu'à l'excès, étoient en butte à toutes les puiffances, & trouvoient contr'eux toutes les inftitutions & tous les établiffemens. Ces pères nourriciers de la patrie étoient regardés comme de ferviles tributaires; & les hommes pour qui le plus puiffant intérêt de l'état follicitoit le plus de faveurs & d'encouragemens, étoient ceux dont on ne fe reffouvenoit que pour les accabler ; mais toujours patiens & fimples, ils fouffroient fans réclamations les injuftices & les outrages, & fuivoient en filence leurs travaux, felon le peu de forces & de moyens que l'on jugeoit à propos de leur laiffer.

Aujourd'hui même que l'opinion égarée par de fauffes alarmes au fujet des fubfiftances, accumule fi injuftement à leur égard les reproches & les inculpations, lorfqu'on voit tant de citoyens préfenter avec confiance dans le fanctuaire de la légiflation, leurs idées particulières & leurs réclamations en faveur de leurs profeffions ou de leur perfonne, la voix des cultivateurs ne s'y fait point entendre pour leurs intérêts, ni même pour leur légitime défenfe. Telle eft la fécurité que leur infpire une vie utile & inno-cente: fe défiant avec modeftie de leurs propres lumières, ils attendent avec réfignation de la juftice éternelle & de la fageffe des légiflateurs, ce qui fera ordonné fur leur fort.

Il exifte dans les tribunaux, une magiftrature fpéciale-ment chargée de veiller aux intérêts de tous ceux qui font fans défenfe. Que tous les corps adminiftratifs, que tous les citoyens particulièrement éclairés fur les befoins de l'agriculture & zélés pour fon avancement fi défirable, fe chargent pour elle de cette fonction fi fainte & fi importante au falut de la patrie ! Tel eft l'objet de la correfpondance que nous les follicitons, au nom d'un intérêt auffi facré, d'entretenir avec nous.

N.° 1. Avril.

C'eſt au moment où par les ſuites de nos heureuſes réformes , les campagnes vont ſe peupler de propriétaires aiſés & inſtruits , que nous pouvons eſpérer de voir l'agriculture ſortir bientôt de ſon état d'enfance , où elle a langui depuis des ſiècles juſqu'à ce jour. Des eſprits plus habitués à la réflexion & à l'obſervation , & ayant des vues plus étendues ; des propriétaires attachés à leur ſol, & jaloux de tendre à la perfection pour leur intérêt & pour leur gloire ; des citoyens pourvus de bons livres , entretenant des relations dans différentes contrées , en état de ſoutenir les frais des innovations & des expériences ; de tels hommes diſſéminés ſur toute la ſurface du territoire, feront ſans contredit le préſent le plus précieux qu'il eût été poſſible de faire aux campagnes. C'eſt par eux que ſe propageront rapidement les découvertes , les pratiques ingénieuſes , tous les procédés & toutes les connoiſſances propres à améliorer le ſort du peuple entier, & à doubler la richeſſe nationale en multipliant les productions.

C'eſt de ces hommes rendus ſi utiles à leur patrie , comme de tous les praticiens déjà diſtingués par leurs lumières , & des adminiſtrateurs attentifs à tout ce qui peut intéreſſer l'agriculture , que nous eſpérons recevoir les inſtructions & les idées que nous ne ferons que mettre en circulation pour l'utilité de tous les citoyens. Placés au centre où ſe rapportent toutes les adminiſtrations, nous n'aſpirons qu'à l'avantage d'offrir un point de réunion à tous les travaux & à toutes les réflexions qui ſe dirigeront vers cet important objet. Heureux ſi nous pouvons concourir à répandre dans la ſociété , les lumières que nous attendons nous-mêmes de nos coopérateurs , & lui faire connoître plus particulièrement les efforts de ceux qui auront ſi bien mérité d'elle !

DÉCRET

DE LA CONVENTION NATIONALE,

Du 30 Pluviôse, l'an II de la République une et indivisible,

Relatif à un Ouvrage intitulé : Annuaire du Cultivateur.

Un membre fait hommage à la Convention nationale d'un ouvrage intitulé : *Annuaire du Cultivateur,* que le comité d'instruction publique a jugé digne d'être placé parmi les livres élémentaires destinés aux écoles nationales. La Convention nationale accepte l'hommage, et sur la proposition du même membre, décrète :

ARTICLE PREMIER.

L'Annuaire du Cultivateur sera imprimé à Paris, sous la surveillance du comité d'instruction publique, au nombre de deux mille exemplaires, pour être distribués aux représentans du peuple et aux corps administratifs de la République.

II.

L'ouvrage sera réimprimé dans le chef-lieu

A

de chaque département, sous la surveillance de l'administration, pour être envoyé à chaque commune.

I I I.

Les noms des citoyens qui ont concouru à l'Annuaire du Cultivateur, seront imprimés dans le titre de l'ouvrage, comme un hommage dû au zèle, au dévouement qu'ils ont montrés en communiquant les vérités utiles qu'une longue expérience leur a fait acquérir.

Visé par l'inspecteur. Signé S. E. MONNEL.

Collationné à l'original, par nous secrétaires de la Convention. A Paris, le 24 ventose, l'an second de la République une et indivisible. *Signé* BELLEGARDE et CHARLES COCHON, *secrétaires.*

INSTRUCTION

SUR

L'ANNUAIRE RÉPUBLICAIN.

LES Romains comptoient les années depuis la fondation de Rome ; les Tyriens depuis le recouvrement de leur liberté : les Européens comptent depuis l'établissement du christianisme ; les Français compteront désormais depuis la fondation de la République, c'est-à-dire, de la liberté, de l'égalité, qui a eu lieu le lendemain de l'abolition de la royauté, le 22 septembre 1792, (vieux style), jour où le soleil est arrivé à l'équinoxe d'automne, en entrant dans le signe de la Balance.

L'ère vulgaire est abolie.

L'année présente est la 1795.ᵉ pour les peuples esclaves, c'est la troisième de la République Française. Depuis 1564, par ordre d'un roi fanatique et cruel, Charles IX, l'année commençoit au premier janvier, onze jours après le solstice d'hiver ; elle commencera à l'avenir à minuit, avec le jour de l'équinoxe vrai d'automne pour l'observatoire de Paris.

L'année étoit partagée en douze mois inégaux

de 28 , 30 et 31 jours ; elle est maintenant composée de douze mois de 30 jours chacun, suivis de cinq jours qui la complètent. La semaine ne divisoit exactement ni le mois, ni l'année, ni les lunaisons ; on compte aujourd'hui par décade composée de dix jours , qui divise le mois en trois parties égales.

Le jour étoit divisé en 24 heures , comptées de 12 en 12 ; l'heure en 60 minutes ; la minute en 60 secondes : cette division rendoit les calculs difficiles.

Le jour sera désormais divisé en 10 heures, chaque heure en dixièmes , chaque dixième en centièmes.

Ainsi l'année sera composée de 12 mois 5 jours ,

    Ou de 36 décades et demie.

    Ou 365 jours.

    Ou 3650 heures.

    Ou 36500 dixièmes d'heure.

    Ou 365000 centièmes d'heure.

Tous les quatre ans on ajoutoit un jour au mois de février ; l'année étoit de 366 jours : telles ont été les années 1784, 1788 , 1792, qui étoient bissextilles , et cependant l'année civile ne s'accordoit pas avec les mouvemens célestes.

Tous les quatre ans on ajoutera un jour à

(5)

la fin de l'année , à commencer de la troisième
de la République, autant que cela sera nécessaire pour que l'année républicaine s'accorde
avec les mouvemens célestes.

Les noms des jours de la semaine étoient pris
des noms des corps célestes, dans un ordre que
l'ignorance et la superstition des astrologues
avoient imaginé ; les noms des jours de la décade
sont pris de l'ordre même qu'ils occupent.

Ainsi le premier jour est appelé. . *Primedi.*
Le deuxième. . . . . *Duodi.*
Le troisième. . . . . *Tridi.*
Le quatrième . . . . *Quartidi.*
Le cinquième . . . . *Quintidi.*
Le sixième. . . . . *Sextidi.*
Le septième . . . . *Septidi.*
Le huitième. . . . . *Octidi.*
Le neuvième . . . . *Nonidi.*
Le dixième. . . . . *Decadi.*

Les noms des mois étoient pris des noms des
divinités, des cérémonies religieuses des Romains
ou de leurs tyrans ; une partie des mois, comme
septembre, octobre, &c. étoient comptés de
mars, quoique depuis plus de 2000 ans mars ne
fût plus le premier mois de l'année ; les noms
des mois républicains indiquent les quatre
saisons, ainsi que les productions ou les phéno-
mènes les plus propres à chacun. Les cinq derniers
jours de l'année sont dits *Sanculotides ;* quatre
années formeront une période appelée *Franciade.*

A 3

L'année qui tous les quatre ans aura 366 jours, sera appelée *Sextile*, elle aura six sanculotides, et terminera chaque Franciade; le jour ajouté sera consacré à célébrer la révolution Française, qui après quatre ans d'efforts et de combats contre la tyrannie, a conduit le peuple Français au règne de l'égalité.

La manière la plus courte, la plus simple d'écrire une date, est celle-ci : 3 nivôse, 14 germinal, 27 fructidor, l'an 3.ᵉ de la République, ou le 1.ᵉʳ, 2, 3 des sanculotides.

L'annuaire qui suit cette instruction, présente le lever, le coucher du soleil et de la lune pour le 1.ᵉʳ de chaque décade, ou le 1.ᵉʳ, le 11 et le 21 de chaque mois, exprimé en heures, dixièmes et centièmes d'heure, suivant la nouvelle division. Chaque lunaison est d'environ 29 jours et demi, c'est-à-dire, un demi-jour de moins que le mois républicain; on peut avoir aisément le jour de la lune, quand on le connoît pour le premier de l'an.

Au commencement de la troisième année, la lune avoit 27 jours; à ce nombre ajoutez autant de demi-jours qu'il s'est écoulé de mois, et ensuite le quantième du mois; de cette somme retranchez 29 jours et demi, et vous aurez le jour de la lune.

Veut-on le connoître pour le 13 germinal?

il s'eſt écoulé six mois : j'ajoute donc 3 et 13 , quantième du mois , à 27 , âge de la lune au premier de l'an , ce qui fait 43 ; je retranche 29 et demi ; reste 13 et demi, c'est le jour de la lune.

Chaque heure de la nouvelle division vaut 2 heures 24 minutes de l'ancienne , ou près de deux heures et demie.

Chaque dixième de la nouvelle heure vaut 14 minutes 24 secondes anciennes , ou près d'un quart-d'heure.

Deux dixièmes valent une demi-heure ancienne , moins une minute et 12 secondes.

Quatre dixièmes valent 57 minutes 36 secondes, ou une heure ancienne , moins 2 minutes 24 secondes.

Douze dixièmes et demi font juste trois heures anciennes.

Vingt - cinq dixièmes font juste six heures anciennes.

Cinquante dixièmes , ou cinq heures nouvelles valent douze heures anciennes.

Nota. Les petites majuscules H. D. C. placées presque au haut des deux dernières colonnes de chaque mois, signifient *heures , dixièmes , centièmes.*

N. B. Quand la somme des heures, au coucher de la lune , est inférieure à celle qui se trouve à son lever , c'est une preuve que la lune se couche le jour suivant de son lever.

Par exemple ; le 21 vendémiaire , elle se lève à 8 h. 4 d. 2 c. , et elle se couche , le 22, à 4 h. 3 d. 8 c.

A 4

JOURS du MOIS.	NOMS des JOURS.	PRODUCTIONS naturelles ET INSTRUMENS ruraux.		LEVER.	COUCHER.
1.	Primedi.	Raisin.	Au 1.er	H. D. C.	H. D. C.
2.	Duodi.	Safran.	Du Soleil.	2. 4. 7.	7. 5. 3.
3.	Tridi.	Châtaigne.	De la Lune.	1. 6. 2.	2. 3. 8.
4.	Quartidi.	Colchique.			
5.	*Quintidi.*	CHEVAL.			
6.	Sextidi.	Balsamine.			
7.	Septidi.	Carote.			
8.	Octidi.	Amaranthe.			
9.	Nonidi.	Panais.			
10.	DECADI.	CUVE.			
11.	Primedi.	Pomme de terre.	Au 11.		
12.	Duodi.	Immortelle.	Du Soleil.	2. 5. 9.	7. 4. 0.
13.	Tridi.	Potiron.	De la Lune.	5. 8. 5.	9. 5. 8.
14.	Quartidi.	Réséda.			
15.	*Quintidi.*	ANE.			
16.	Sextidi.	Belle-de-nuit.			
17.	Septidi.	Citrouille.			
18.	Octidi.	Sarasin.			
19.	Nonidi.	Tournesol.			
20.	DECADI.	PRESSOIR.			
21.	Primedi.	Chanvre.	Au 21.		
22.	Duodi.	Pêche.	Du Soleil.	2. 7. 2.	7. 2. 8.
23.	Tridi.	Navet.	De la Lune.	8. 4. 2.	4. 3. 8.
24.	Quartidi.	Amarillis.			
25.	*Quintidi.*	BŒUF.	Équinoxe d'automne,		
26.	Sextidi.	Aubergine.	le 1.er à,.......		8. 7. 6.
27.	Septidi.	Piment.	N. L. le 3 à....		2. 1. 0.
28.	Octidi.	Tomate.	P. Q. le 11 à....		2. 7. 9.
29.	Nonidi.	Orge.	P. L. le 18 à....		0. 2. 6.
30.	DECADI.	TONNEAU.	D. Q. le 24 à....		7. 9. 8.

JOURS du MOIS.	NOMS des JOURS.	PRODUCTIONS naturelles ET INSTRUMENS ruraux.		LEVER. H. D. C.	COUCHER. H. D. C.
1.	Primedi.	Pomme.	Au 1.ᵉʳ		
2.	Duodi.	Céleri.	Du Soleil.	2. 8. 4.	7. 1. 6.
3.	Tridi.	Poire.	De la Lune.	2. 0. 8.	7. 1. 0.
4.	Quartidi.	Betterave.			
5.	*Quintidi.*	OIE.			
6.	Sextidi.	Héliotrope.			
7.	Septidi.	Figue.			
8.	Octidi.	Scorsonère.			
9.	Nonidi.	Alisier.			
10.	DECADI.	CHARRUE.			
11.	Primedi.	Salsifis.	Au 11.		
12.	Duodi.	Macre.	Du Soleil.	2. 9. 5.	7. 0. 4.
13.	Tridi.	Topinambour.	De la Lune.	5. 9. 6.	0. 0. 0.
14.	Quartidi.	Endive.			
15.	*Quintidi.*	DINDON.			
16.	Sextidi.	Chervi.			
17.	Septidi.	Cresson.			
18.	Octidi.	Dentelaire.			
19.	Nonidi.	Grenade.			
20.	DECADI.	HERSE.			
21.	Primedi.	Bacchante.	Au 21.		
22.	Duodi.	Azerole.	Du Soleil.	3. 0. 6.	6. 8. 7.
23.	Tridi.	Garence.	De la Lune.	8. 5. 8.	4. 7. 8.
24.	Quartidi.	Orange.			
25.	*Quintidi.*	FAISAN.	N. L. le 2 à....		9. 4. 9.
26.	Sextidi.	Pistache.	P. Q. le 10 à....		7. 8. 9.
27.	Septidi.	Maçon.	P. L. le 18 à....		4. 1. 9.
28.	Octidi.	Coing.	D. Q. le 24 à....		4. 8. 4.
29.	Nonidi.	Cormier.			
30.	DECADI.	ROULEAU.			

Le 1.ᵉʳ répond au 21 Novembre (vieux style).

JOURS du MOIS.	NOMS des JOURS.	PRODUCTIONS naturelles ET INSTRUMENS ruraux.		LEVER. H. D. C.	COUCHER. H. D. C.
1.	Primedi.	Raiponse.	Au 1.ᵉʳ		
2.	Duodi.	Turneps.	Du Soleil.	3. 1. 6.	6. 8. 4.
3.	Tridi.	Chicorée.	De la Lune.	2. 4. 7.	6. 8. 0.
4.	Quartidi.	Nefle.			
5.	Quintidi.	COCHON.			
6.	Sextidi.	Mâche.			
7.	Septidi.	Choufleur.			
8.	Octidi.	Miel.			
9.	Nonidi.	Genièvre.			
10.	DECADI.	PIOCHE.			
11.	Primedi.	Cire.	Au 11.		
12.	Duodi.	Raifort.	Du Soleil.	3. 2. 3.	6. 7. 6.
13.	Tridi.	Cèdre.	De la Lune.	5. 7. 4.	0. 1. 5.
14.	Quartidi.	Sapin.			
15.	Quintidi.	CHEVREUIL.			
16.	Sextidi.	Ajonc.			
17.	Septidi.	Ciprès.			
18.	Octidi.	Lierre.			
19.	Nonidi.	Sabine.			
20.	DECADI.	HOYAU.			
21.	Primedi.	Érable-sucre.	Au 21.		
22.	Duodi.	Bruyère.	Du Soleil.	3. 2. 8.	6. 7. 2.
23.	Tridi.	Roseau.	De la Lune.	8. 8. 7.	4. 7. 3.
24.	Quartidi.	Oseille.			
25.	Quintidi.	GRILLON.	N. L. le 2 à....		6. 8. 6.
26.	Sextidi.	Pignon.	P. Q. le 10 à....		2. 1. 4.
27.	Septidi.	Liége.	P. L. le 16 à....		8. 7. 0.
28.	Octidi.	Truffe.	D. Q. le 24 à....		3. 1. 1.
29.	Nonidi.	Olive.			
30.	DECADI.	PELLE.			

JOURS du MOIS.	NOMS des JOURS.	PRODUCTIONS naturelles ET INSTRUMENS ruraux.		LEVER.	COUCHER.
1.	Primedi.	Tourbe.	Au 1.ᵉʳ	H. D. C.	H. D. C.
2.	Duodi.	Houille.	Du Soleil.	3. 3. 0.	6. 7. 0.
3.	Tridi.	Bitume.	De la Lune.	2. 7. 8.	6. 5. 7.
4.	Quartidi.	Soufre.			
5.	*Quintidi.*	CHIEN.			
6.	Sextidi.	Lave.			
7.	Septidi.	Terre végétale.			
8.	Octidi.	Fumier.			
9.	Nonidi.	Salpêtre.			
10.	DECADI.	FLÉAU.			
11.	Primedi.	Granit.	Au 11.		
12.	Duodi.	Argile.	Du Soleil.	3. 2. 8.	6. 7. 2.
13.	Tridi.	Ardoise.	De la Lune.	5. 4. 4.	0. 7. 2.
14.	Quartidi.	Grès.			
15.	*Quintidi.*	LAPIN.			
16.	Sextidi.	Silex.			
17.	Septidi.	Marne.			
18.	Octidi.	Pierre-à-chaux.			
19.	Nonidi.	Marbre.			
20.	DECADI.	VAN.			
21.	Primedi.	Pierre-à-Plâtre.	Au 21.		
22.	Duodi.	Sel.	Du Soleil.	3. 2. 4.	6. 7. 7.
23.	Tridi.	Fer.	De la Lune.	9. 1. 6.	4. 3. 8
24.	Quartidi.	Cuivre.			
25.	*Quintidi.*	CHAT.	N. L. le 2 à....		3. 8. 4.
26.	Sextidi.	Étain.	P. Q. le 9 à....		5. 6. 5.
27.	Septidi.	Plomb.	P. L. le 16 à....		4. 0. 4.
28.	Octidi.	Zinc.	D. Q. le 24 à.....		2. 0. 8.
29.	Nonidi.	Mercure.	Solstice d'hiver le 1.ᵉʳ		
30.	DECADI.	CRIBLE.	à............		5. 6. 4.

Le 1.ᵉʳ répond au 20 Janvier (vieux style).

JOURS du MOIS.	NOMS des JOURS.	PRODUCTIONS naturelles ET INSTRUMENS ruraux.		LEVER.	COUCHER.
1.	Primedi.	Lauréole.	Au 1.ᵉʳ	H. D. C.	H. D. C.
2.	Duodi.	Mousse.	Du Soleil.	3. 1. 7.	6. 8. 5.
3.	Tridi.	Fragon.	De la Lune.	2. 9. 3.	6. 6. 7.
4.	Quartidi.	Perce-neige.			
5.	Quintidi.	TAUREAU.			
6.	Sextidi.	Laurier-thim.			
7.	Septidi.	Amadouvier.			
8.	Octidi.	Mézéréum.			
9.	Nonidi.	Peuplier.			
10.	DECADI.	COGNÉE.			
11.	Primedi.	Ellébore.	Au 11.		
12.	Duodi.	Brocoli.	Du Soleil.	3. 0. 7.	6. 9. 4.
13.	Tridi.	Laurier.	De la Lune.	5. 2. 6.	1. 2. 8.
14.	Quartidi.	Avelinier.			
15.	Quintidi.	VACHE.			
16.	Sextidi.	Buis.			
17.	Septidi.	Lichen.			
18.	Octidi.	If.			
19.	Nonidi.	Pulmonaire.			
20.	DECADI.	SERPETTE.			
21.	Primedi.	Thlaspi.	Au 21.		
22.	Duodi.	Thymelé.	Du Soleil.	2. 9. 6.	7. 0. 5.
23.	Tridi.	Chiendent.	De la Lune.	9. 4. 8.	3. 9. 9.
24.	Quartidi.	Trainasse.	N. L. le 2 à....		0. 1. 2.
25.	Quintidi.	LIÈVRE.	P. Q. le 8 à....		8. 8. 3.
26.	Sextidi.	Guède.	P. L. le 16 à....		0. 2. 8.
27.	Septidi.	Noisetier.	D. Q. le 24 à....		0. 9. 5.
28.	Octidi.	Ciclamen.			
29.	Nonidi.	Chélidoine.			
30.	DECADI.	TRAINEAU.			

Éclipse de Soleil invisible à Paris le 2.

Éclipse de Lune visible à Paris. Commence le 15 à 9 h. 6 d. 3 c. Finit le 16 à 0 h. 8 d. 1 c.

JOURS du MOIS.	NOMS des JOURS.	PRODUCTIONS naturelles ET INSTRUMENS ruraux.		LEVER.	COUCHER.
1.	Primedi.	Tussilage.	Au 1.ᵉʳ	H. D. C.	H. D. C.
2.	Duodi.	Cornouiller.	Du Soleil.	2. 8. 4.	7. 1. 6.
3.	Tridi.	Violier.	De la Lune.	2. 9. 0.	7. 1. 6.
4.	Quartidi.	Troène.			
5.	*Quintidi.*	B O U C.			
6.	Sextidi.	Asaret.			
7.	Septidi.	Alaterne.			
8.	Octidi.	Violette.			
9.	Nonidi.	Marsaut.			
10.	DECADI.	B E C H E.			
11.	Primedi.	Narcisse.	Au 11.		
12.	Duodi.	Orme.	Du Soleil.	2. 7. 2.	7. 2. 8.
13.	Tridi.	Fumeterre.	De la Lune.	5. 4. 8.	1. 6. 9.
14.	Quartidi.	Vélar.			
15.	*Quintidi.*	C H È V R E.			
16.	Sextidi.	Épinard.			
17.	Septidi.	Doronic.			
18.	Octidi.	Mouron.			
19.	Nonidi.	Cerfeuil.			
20.	DECADI.	C O R D E A U.			
21.	Primedi.	Mandragore.	Au 21.		
22.	Duodi.	Persil.	Du Soleil.	2. 6. 0.	7. 4. 1.
23.	Tridi.	Cochléaria.	De la Lune.	9. 8. 8.	3. 7. 2.
24.	Quartidi.	Pâquerette.			
25.	*Quintidi.*	T H O N.	N. L. le 1 à....		5. 5. 1.
26.	Sextidi.	Pissenlit.	P. Q. le 8 à....		2. 1. 7.
27.	Septidi.	Sylvie.	P. L. le 15 à....		7. 1. 9.
28.	Octidi.	Capillaire.	D. Q. le 23 à....		8. 9. 4.
29.	Nonidi.	Frêne.	N. L. le 30 à....		9. 9. 4.
30.	DECADI.	PLANTOIR.	Équinoxe de Printemps le 30 à 6 h. 2 d. 6 c.		

PRINTEMPS. GERMINAL. VII.ᵉ MOIS.

Le 1.ᵉʳ répond au 21 Mars (vieux style).

JOURS du MOIS.	NOMS des JOURS.	PRODUCTIONS naturelles ET INSTRUMENS ruraux.		LEVER. H. D. C.	COUCHER. H. D. C.
1.	Primedi.	Primevère.	Au 1.ᵉʳ	H. D. C.	H. D. C.
2.	Duodi.	Platane.	Du Soleil.	2. 4. 7.	7. 5. 3.
3.	Tridi.	Asperge.	De la Lune.	2. 7. 3.	7. 8. 3.
4.	Quartidi.	Tulipe.			
5.	Quintidi.	POULE.			
6.	Sextidi.	Blette.			
7.	Septidi.	Bouleau.			
8.	Octidi.	Jonquille.			
9.	Nonidi.	Aulne.			
10.	DECADI.	COUVOIR.			
11.	Primedi.	Pervenche.	Au 11.		
12.	Duodi.	Charme.	Du Soleil.	2. 3. 5.	7. 6. 6.
13.	Tridi.	Morille.	De la Lune.	5. 9. 9.	1. 7. 6.
14.	Quartidi.	Hêtre.			
15.	Quintidi.	ABEILLE.			
16.	Sextidi.	Laitue.			
17.	Septidi.	Mélèze.			
18.	Octidi.	Ciguë.			
19.	Nonidi.	Radis.			
20.	DECADI.	RUCHE.			
21.	Primedi.	Gainier.	Au 21.		
22.	Duodi.	Romaine.	Du Soleil.	2. 2. 2.	7. 7. 8.
23.	Tridi.	Marronier.	De la Lune.	0. 0. 0.	3. 6. 3.
24.	Quartidi.	Roquette.			
25.	Quintidi.	PIGEON.	P. Q. le 7 à....		6. 0. 5.
26.	Sextidi.	Lilas.	P. L. le 15 à....		4. 2. 8.
27.	Septidi.	Anémone.	D. Q. le 23 à....		5. 5. 3.
28.	Octidi.	Pensée.	N. L. le 30 à....		3. 5. 7.
29.	Nonidi.	Myrtile.			
30.	DECADI.	GREFFOIR.			

JOURS du MOIS.	NOMS des JOURS.	PRODUCTIONS naturelles ET INSTRUMENS rustiques.		LEVER	COUCHER.
				H. D. C.	H. D. C.
1.	Primedi.	Rose.	Au 1.er		
2.	Duodi.	Chêne.	Du Soleil.	2. 1. 0.	7. 9. 0.
3.	Tridi.	Fougère.	De la Lune.	2. 5. 6.	8. 5. 6.
4.	Quartidi.	Aubepine.			
5.	Quintidi.	ROSSIGNOL.			
6.	Sextidi.	Ancolie.			
7.	Septidi.	Muguet.			
8.	Octidi.	Champignon.			
9.	Nonidi.	Hyacinthe.			
10.	DECADI.	RATEAU.			
11.	Primedi.	Rhubarbe.	Au 11.		
12.	Duodi.	Sainfoin.	Du Soleil.	1. 9. 9.	8. 0. 2.
13.	Tridi.	Bâton-d'or.	De la Lune.	6. 4. 7.	1. 5. 6.
14.	Quartidi.	Chamérisier.			
15.	Quintidi.	VER-À-SOIE.			
16.	Sextidi.	Consoude.			
17.	Septidi.	Pimprenelle.			
18.	Octidi.	Corbeille-d'or.			
19.	Nonidi.	Arroche.			
20.	DECADI.	SARCLOIR.			
21.	Primedi.	Staticé.	Au 21.		
22.	Duodi.	Fritillaire.	Du Soleil.	1. 8. 8.	8. 1. 2.
23.	Tridi.	Bourrache.	De la Lune.	0. 1. 8.	3. 8. 8.
24.	Quartidi.	Valériane.			
25.	Quintidi.	CARPE.	P. Q. le 7 à....		0. 7. 1.
26.	Sextidi.	Fusain.	P. L. le 15 à....		1. 1. 9.
27.	Septidi.	Civette.	D. Q. le 23 à....		0. 4. 0.
28.	Octidi.	Buglose.	N. L. le 29 à....		6. 6. 5.
29.	Nonidi.	Sénevé.			
30.	DECADI.	HOULETTE.			

JOURS du MOIS.	NOMS des JOURS.	PRODUCTIONS naturelles ET INSTRUMENS ruraux.		LEVER.	COUCHER.
1.	Primedi.	Luzerne.	Au 1.er	H. D. C.	H. D. C.
2.	Duodi.	Hemerocule.	Du Soleil.	1. 7. 9.	8. 2. 2.
3.	Tridi.	Trefle.	De la Lune.	2. 5. 1.	9. 1. 3.
4.	Quartidi.	Angélique.			
5.	Quintidi.	CANARD.			
6.	Sextidi.	Mélisse.			
7.	Septidi.	Fromental.			
8.	Octidi.	Martagon.			
9.	Nonidi.	Serpolet.			
10.	DECADI.	FAULX.			
11.	Primedi.	Fraise.	Au 11.		
12.	Duodi.	Bétoine.	Du Soleil.	1. 7. 2.	8. 2. 8.
13.	Tridi.	Pois.	De la Lune.	6. 8. 9.	1. 1. 5.
14.	Quartidi.	Acacia.			
15.	Quintidi.	CAILLE.			
16.	Sextidi.	Œillet.			
17.	Septidi.	Sureau.			
18.	Octidi.	Pavot.			
19.	Nonidi.	Tilleul.			
20.	DECADI.	FOURCHE.			
21.	Primedi.	Barbeau.	Au 21.		
22.	Duodi.	Camomille.	Du Soleil.	1. 6. 7.	8. 3. 3.
23.	Tridi.	Chevre-feuille.	De la Lune.	0. 1. 0.	4. 3. 7.
24.	Quartidi.	Caille-lait.			
25.	Quintidi.	TANCHE.	P. Q. le 6 à....		6. 1. 2.
26.	Sextidi.	Jasmin.	P. L. le 14 à....		7. 5. 7.
27.	Septidi.	Verveine.	D. Q. le 22 à....		3. 7. 5.
28.	Octidi.	Thym.	N. L. le 28 à....		9. 7. 0.
29.	Nonidi.	Pivoine.			
30.	DECADI.	CHARIOT.			

ÉTÉ.	MESSIDOR.	X.e MOIS.

Le 1.er répond au 19 Juin (vieux style).

JOURS du MOIS.	NOMS des JOURS.	PRODUCTIONS naturelles, ET INSTRUMENS ruraux.		LEVER.	COUCHER
1.	Primedi.	Seigle.	Au 1.er	H. D. C.	H. D. C.
2.	Duodi.	Avoine.	Du Soleil.	1. 6. 5.	8. 3. 5.
3.	Tridi.	Oignon.	De la Lune.	2. 7. 5.	9. 2. 8.
4.	Quartidi.	Véronique.			
5.	Quintidi.	MULET.			
6.	Sextidi.	Romarin.			
7.	Septidi.	Concombre.			
8.	Octidi.	Échalotte.			
9.	Nonidi.	Absinthe.			
10.	DECADI.	FAUCILLE.			
11.	Primedi.	Coriandre.	Au 11.		
12.	Duodi.	Artichaut.	Du Soleil.	1. 6. 5.	8. 3. 5.
13.	Tridi.	Giroflée.	De la Lune.	7. 2. 4.	0. 8. 9.
14.	Quartidi.	Lavande.			
15.	Quintidi.	CHAMOIS.			
16.	Sextidi.	Tabac.			
17.	Septidi.	Groseille.			
18.	Octidi.	Gesse.			
19.	Nonidi.	Cerise.			
20.	DECADI.	PARC.			
21.	Primedi.	Menthe.	Au 21.		
22.	Duodi.	Cumin.	Du Soleil.	1. 6. 9.	8. 3. 1.
23.	Tridi.	Haricot.	De la Lune.	0. 0. 0.	4. 9. 7.
24.	Quartidi.	Orcanète.			
25.	Quintidi.	PINTADE.	P. Q. le 6 à....		2. 2. 9.
26.	Sextidi.	Sauge.	P. L. le 14 à:...		3. 2. 8.
27.	Septidi.	Ail.	D. Q. le 21 à....		6. 0. 2.
28.	Octidi.	Vesce.	N. L. le 28 à....		3. 1. 9.
29.	Nonidi.	Blé.	Solstice d'Été le 3 à.		7. 9. 9.
30.	DECADI	CHALÉMIE.	Éclipse de Soleil invisible à Paris le 28.		

R

JOURS du MOIS.	NOMS des JOURS.	PRODUCTIONS naturelles ET INSTRUMENS ruraux.		LEVER.	COUCHER.
1.	Primedi.	Épeautre.	Au 1.ᵉʳ	H. D. C.	H. D. C.
2.	Duodi.	Pouillen-blanc.	Du Soleil.	1. 7. 5.	8. 2. 4.
3.	Tridi.	Melon.	De la Lune.	3. 1. 7.	9. 0. 7.
4.	Quartidi.	Ivraie.			
5.	*Quintidi.*	BÉLIER.			
6.	Sextidi.	Prêle.			
7.	Septidi.	Armoise.			
8.	Octidi.	Carthame.			
9.	Nonidi.	Mûre.			
10.	DECADI.	ARROSOIR.			
11.	Primedi.	Panis.	Au 11.		
12.	Duodi.	Salicor.	Du Soleil.	1. 8. 3.	8. 1. 6.
13.	Tridi.	Abricot.	De la Lune.	7. 5. 2.	0. 3. 0.
14.	Quartidi.	Basilic.			
15.	*Quintidi.*	BREBIS.			
16.	Sextidi.	Guimauve.			
17.	Septidi.	Lin.			
18.	Octidi.	Amande.			
19.	Nonidi.	Gentiane.			
20.	DECADI.	ÉCLUSE.			
21.	Primedi.	Carline.	Au 21.		
22.	Duodi.	Caprier.	Du Soleil.	1. 9. 3.	8. 0. 6.
23.	Tridi.	Lentille.	De la Lune.	9. 8. 3.	5. 6. 5.
24.	Quartidi.	Aunée.			
25.	*Quintidi.*	LOUTRE.	P. Q. le 5 à....		9. 1. 2.
26.	Sextidi.	Myrthe.	P. L. le 13 à....		3. 3. 5.
27.	Septidi.	Colsa.	D. Q. le 20 à....		7. 8. 9.
28.	Octidi.	Lupin.	N. L. le 27 à....		7. 5. 1.
29.	Nonidi.	Coton.	Éclipse de Lune visible à Paris.		
30.	DÉCADI.	MOULIN.	Commenc. le 13 à 7 h. 9 d. 2 c. Finira à 8 h. 6 d. 0 c.		

ÉTÉ. FRUCTIDOR. XIIe MOIS.

Le 1.er répond au 18 Août (vieux style).

JOURS du MOIS.	NOMS des JOURS.	PRODUCTIONS naturelles ET INSTRUMENS ruraux.		LEVER.	COUCHER.
1.	Primedi.	Prune.	Au 1.er	H. D. C.	H. D. C.
2.	Duodi.	Millet.	Du Soleil.	2. 0. 4.	7. 9. 5.
3.	Tridi.	Lycoperde.	De la Lune.	3. 6. 2.	8. 7. 6.
4.	Quartidi.	Escourgeon.			
5.	Quintidi.	SAUMON.			
6.	Sextidi.	Tubéreuse.			
7.	Septidi.	Sucrion.			
8.	Octidi.	Apocyn.			
9.	Nonidi.	Réglisse.			
10.	DECADI.	ÉCHELLE.			
11.	Primedi.	Pastèque.	Au 11.		
12.	Duodi.	Fenouil.	Du Soleil.	2. 1. 6.	7. 8. 3.
13.	Tridi.	Épine-vinette.	De la Lune.	7. 5. 9.	8. 0. 8.
14.	Quartidi.	Noix.			
15.	Quintidi.	TRUITE.			
16.	Sextidi.	Citron.			
17.	Septidi.	Cardière.			
18.	Octidi.	Nerprun.			
19.	Nonidi.	Tagette.			
20.	DECADI.	HOTTE.			
21.	Primedi.	Églantier.	Au 21.		
22.	Duodi.	Noisette.	Du Soleil.	2. 2. 8.	7. 7. 2.
23.	Tridi.	Houblon.	De la Lune.	9. 9. 9.	6. 2. 7.
24.	Quartidi.	Sorgho.			
25.	Quintidi.	ÉCREVISSE.	P. Q. le 5 à....		6. 4. 9.
26.	Sextidi.	Bigarade.	P. L. le 13 à....		2. 8. 2.
27.	Septidi.	Verge-d'or.	D. Q. le 20 à....		0. 0. 9.
28.	Octidi.	Maïs.	N. L. le 27 à....		2. 9. 4.
29.	Nonidi.	Marron.			
30.	DECADI.	PANIER.			

Été. **LES SANCULOTIDES.** Derniers jours de l'année.

Le 1.ᵉʳ répond au 17 Septembre (vieux style).

JOURS.	NOMS des JOURS.	FÊTES.		LEVER.	COUCHER.
1.	Primedi.	De la Vertu.	Au 1.ᵉʳ	H. D. C.	H. D. C.
2.	Duodi.	Du Génie.	Du Soleil.	2. 4. 0.	7. 6. 0.
3.	Tridi.	Du Travail.	De la Lune.	4. 1. 0.	8. 4. 7.
4.	Quartidi.	De l'Opinion.			
5.	Quintidi.	Des Récompenses.			
6.	Sextidi.	Franciade.			

P. Q. le 5. à..... 4. 0. 5.

VENDÉMIAIRE.

Mois des Vendanges.

RAISIN, fruit à grappe de la vigne ; arbrisseau sarmenteux, originaire d'Asie, cultivé dans les climats chauds et tempérés. Il existe un grand nombre d'espèces et de variétés de raisins, qui diffèrent de forme, de grosseur, de couleur, de saveur, de précocité : les uns sont bons pour la table, d'autres pour la *cuve*. Le raisin se conserve frais, suspendu, séparé, dans un lieu sec, obscur, bien clos ; peut se transporter au loin dans des vaisseaux de bois remplis de millet ; sec, se conserve mieux ; égrappé ou non, suivant sa maturité, mis dans une cuve, écrasé en venant de la vigne, son jus est le *moût, vin doux*, qui fermente, s'échauffe, bouillonne, se colore plus ou moins, devient du *vin*, se perfectionne dans le *tonneau*, se conserve en bouteille. Le vin tiré de la cuve, on pressure le *marc*, on fait un *second vin ;* le *marc* arrosé d'eau donne la *piquette*. Le marc est un engrais

1.

pour les terres, fait des couches chaudes
pour les jardins, offre aux animaux une
nourriture qu'on conserve en la salant; il
sert de chauffage, sa cendre est recherchée.
Le *pepin* donne de l'huile, et son charbon
est préféré en Perse pour la poudre à tirer.
Le vin dépose au fond du tonneau une
boue ou *lie* qui est employée dans la chapellerie, et sur les *parois* une matière saline,
couleur de la lie, friable : c'est le *tartre*, qui
dissous dans l'eau, purifié, fait la crême de
tartre; ou brûlé, donne la cendre gravelée.
On retire du vin, de la lie, du marc, par
la distillation, *l'eau-de-vie*, qui, rectifiée,
donne l'esprit-de-vin plus ou moins ardent.
Le vin, la lie, retravaillés sur la rafle du
raisin, donnent le vinaigre qu'on rend plus
fort par la gelée. Des lames de cuivre
disposées par couches, avec des rafles de
raisin, dans des pots placés dans des lieux
humides, se changent en vert-de-gris pour
le commerce. Du moût on fait du *vin cuit;*
on y met différens fruits. Avec du raisin
sec et de l'eau, on fait du vin. Le vin
reçoit sa couleur dans la cuve, de la peau
du raisin. Les raisins préférés pour la table,
frais, secs ou confits, sont, le *précoce*, le

corinthe, le *malvoisie*, l'*olivet*, le *chasselas* (précoce, doré, musqué, violet), le *ciotat*, le *cornichon*, le *muscat* (doré, noir, violet, d'Alexandrie). Le *bourdelas* donne le verjus pour assaisonnement, un sirop et des confitures. On préfère pour la cuve, le *meunier*, le *morillon*, le *bourguignon*, le *sanmoireau*, le *firomenteau*, le *gamet*, le *meslier*, le *noireau*, etc.

Les vins de France, très-variés, très-abondans et fort recherchés de toute l'Europe, font une branche importante de commerce.

SAFRAN D'AUTOMNE, plante vivace, *bulbeuse.* Cultivé en grand dans plusieurs départemens ; celui du ci-devant *Gâtinais* est très-estimé. Du milieu de la fleur, s'élève un *pistil* blanchâtre, divisé à son extrémité en trois parties de couleur orangée, qui forment le *stigmate ;* il est seul odorant, seul recherché. On coupe la fleur encore peu ouverte ; sa récolte est longue ; on en détache soigneusement le stigmate, qui séché à une chaleur douce, se conserve enfermé dans un lieu sec. Un arpent peut donner par an 15 livres de safran séché ; il sert à la peinture, la teinture ; colore,

B 4

2. assaisonne les alimens, les boissons, les liqueurs. On change le safran de terrain tous les quatre ou cinq ans en messidor; il est moins sujet aux maladies dans les terres légères.

3. *CHÂTAIGNE*, semence à coque épineuse du châtaignier, grand arbre des pays montagneux, chauds, tempérés. On compte beaucoup de variétés. La châtaigne est une nourriture saine pour les hommes, les animaux; fraîche, se mange rôtie, bouillie à l'eau, au lait. Pour l'avoir plus agréable, on ôte la première peau; on la jette dans l'eau chaude pour enlever la seconde, en remuant à l'aide d'un bâton branchu; on la fait cuire ensuite sans eau dans un vase bien couvert; séchée, elle se conserve plusieurs années; pelée, réduite en farine, fait bouillie, gâteau, galette, tient lieu de pain. On peut en faire une boisson fermentée. La première peau peut, dans la teinture, remplacer la noix de galle pour les noirs.

4. *COLCHIQUE*, *Tue-Chien*, plante vivace, *bulbeuse*, des prairies, nuisible aux hommes, aux animaux. Ses feuilles, son fruit ou

capsule, paraissent ensemble dès l'hiver ; elle est sans feuilles lorsqu'elle fleurit en automne. Sa racine contient une *fécule* nutritive quand elle est bien lavée.

CHEVAL, quadrupède à sabot entier, de plaine, originaire d'Asie, sauvage, domestique, perfectionné par l'éducation. C'est le plus bel animal, par l'éclat de sa robe, l'élégance de ses formes, la cadence, l'harmonie de ses mouvemens : c'est le plus vite, le plus fort des animaux de même masse, pour porter et tirer. Il est courageux, ardent, docile, sobre, sensible aux bons traitemens, s'irrite des injustices, en conserve le souvenir ; dans sa colère, frappe la terre du pied droit de devant ; se bat des pieds de derrière. Ami de son semblable, il l'appelle par son hennissement ; ami de l'homme, il le sert dans ses travaux, ses voyages, aux combats. Les chevaux fins sont difficiles à élever. Le cheval varie beaucoup dans ses couleurs ; sa hauteur est depuis deux pieds et demi jusqu'à six : son poil est ras ou frisé ; quelquefois sans poil : les espèces pures n'ont point de poils longs aux jambes. Les climats chauds

5.

produisent les plus parfaits. Le cheval croît ordinairement jusqu'à cinq ans, est formé à neuf; vit au-delà de trente-cinq ans; se nourrit d'herbes, de foin, de grains, de racines, est redoutable aux jeunes arbres, dont il mange l'écorce, les jeunes pousses; pâture plus près que le bœuf, mange moins que la *jument*; peut parcourir, dans une marche forcée, cinquante lieues d'un midi à l'autre, et jusqu'à trente lieues de suite. Les allures qu'il préfère, sont le pas, le trot. La jument est plus basse du devant; elle porte onze mois; son lait très-séreux, fournit aux Tartares une boisson fermentée, dont ils retirent de l'eau-de-vie, appelée *kou-mouisch*. Les Orientaux mangent la chair du cheval : on retire une huile à brûler de toutes ses parties graisseuses ; sa chair nourrit quelques animaux. Les arts emploient ses crins, sa peau : la corne de ses pieds peut faire de la *colle-forte*; elle entre dans la fabrication du bleu de Prusse.

6.

BALSAMINE, plante annuelle, originaire de l'Inde; fleur simple ou double, blanche carnée, rose, rouge, violette ou

panachée; sa capsule mûre lance, en se | 6.
contractant, les graines qu'elle contient.

CAROTTE, plante bisannuelle, sauvage, | 7.
des lieux arides, perfectionnée par la culture: sa racine longue, cassante, sucrée, est
jaune, rouge ou blanche; elle nourrit les
hommes, les animaux, parfume les alimens;
séchée, réduite en poudre, très-utile aux
voyageurs: elle craint les grands froids,
demande une terre douce, divisée, profonde; sa graine aromatique se sème avec
avantage parmi les grains du printemps.
On cultive une petite carotte jaune, pâle,
hâtive, et une petite rouge plus hâtive.

AMARANTHE, *Passe-velours*, plante | 8.
annuelle, originaire de Chine, cultivée
dans les jardins; ses fleurs sont cramoisies,
cerises ou jaunes.

PANAIS, plante bisannuelle, sauvage, | 9.
dans les pâturages; cultivée en grand, résiste
au froid: sa feuille fait un bon fourrage.
Sa racine longue, charnue, blanchâtre,
savoureuse, très - nourrissante pour les
hommes, les animaux, donne une fécule
abondante; supplée en Irlande à l'orge pour

9. la bière ; sa graine aromatique réussit bien dans les terres fraiches, et peut être semée parmi les chanvres.

10. *CUVE*, grand vase destiné à recevoir la vendange, de forme ronde, ovale ou carrée, de pierre, de ciment ou de bois ; celle-ci préférable ; rétrécie dans le haut, elle est plus solide, plus favorable à la fermentation. Le vin se fait mieux lorsqu'on rassemble beaucoup de vendange dans une même cuve. Dans les années abondantes, la cuve sert de tonneau, en la couvrant d'un second fond.

11. *POMME DE TERRE*, plante vivace originaire du Pérou ; en France depuis la fin du 16.e siècle : ses racines nombreuses, traçantes, sont chargées de tubercules ou pommes de terre. Plusieurs variétés recherchées, de grosseurs, de formes différentes, blanches, rouges, violettes ou jaunes. La plante porte un fruit rond, rempli de semences qu'on cueille en brumaire, lorsque le feuillage jaunit : on le conserve dans du sable, ou suspendu. On arrache ensuite la plante avec la charrue, une fourche, ou la main : on sépare les petites pommes de

terre pour la plantation, et les grosses pour l'usage; elles craignent le froid, l'humidité. on les conserve dans des lieux fermés, secs, dans des creux bien couverts, faits sur des lieux élevés, en terre sèche, ou enfin exprimées par un pressoir, mises en pain et séchées. La pomme de terre est d'une grande ressource pour les hommes, les animaux; le feuillage frais sert de fourrage; on la mange cuite sous la cendre ou à la vapeur de l'eau bouillante dans des vases couverts, ou même sans eau, avec ou sans assaisonnement; cuite à grande eau, à découvert, perd de sa qualité; blanchie dans l'eau salée, séchée, broyée, fait galettes pour les voyages d'outre mer, et n'est point attaquée des insectes; rapée crue, broyée dans l'eau, donne trois onces par livre d'une fécule blanche, fine, légère, agréable cuite au bouillon, au lait. La grosse blanche, à points rouges, en fournit plus. Les terres légères, élevées, donnent des pommes de terre tendres, farineuses, sèches; elles sont grasses, de mauvais goût dans les lieux humides. Au printemps, après avoir fumé, labouré, hersé, on plante les petites pommes de terre entières, ou les grosses

11. coupées par morceaux séchés à l'air. La plante grande, on sarcle, on butte, on marcotte. Deux setiers au plus par arpent, en produisent cinquante à cent. Cette culture est utile dans les défrichemens, les terres vagues ; elle ameublit la terre, détruit les herbes. On en sème la graine pour multiplier les variétés ; les plus hâtives se récoltent en messidor. La pomme de terre gelée est encore bonne en la dégelant dans l'eau froide ; on fait de bonne colle avec la fécule.

12. *IMMORTELLE :* trois espèces de plantes de ce nom, qui leur vient de la durée de leurs fleurs : la première, fleurs en tête aplatie, couleur blanche ou purpurine ; la seconde, originaire de l'Inde, fleurs en tête arrondie, un peu conique, couleur violette ou blanche ; toutes les deux annuelles ; la troisième, originaire d'Afrique, vivace, toujours verte, cotonneuse, fleurs en tête ronde, jaunes.

13. *POTIRON,* plante annuelle, cultivée en grand, craint le froid ; elle porte des fleurs femelles et des fleurs mâles séparées sur le même pied. Si l'on coupe celles-ci trop tôt, on rend les premières stériles ; son voisinage

peut faire perdre au melon et autres plantes
semblables, leurs bonnes qualités : son fruit
est le plus gros connu, de forme ronde,
aplati de la tête à la queue ; il sert de pourriture aux hommes, aux animaux, aux
poissons : cru et rapé ou cuit, pétri avec
de la farine, il augmente la masse du pain
et le jaunit : ses semences donnent une huile
très-douce, et entrent dans l'orgeat : on
cultive une variété moins grosse, hâtive.

RÉSÉDA ODORANT, plante bisannuelle,
originaire d'Égypte, odeur suave et fugace ;
il parfume les jardins.

ANE, quadrupède à sabot entier, originaire d'Arabie, sauvage ou domestique ; tête
grosse, oreille longue, jambe sèche, croupe
aplatie, queue nue, garnie à l'extrémité, poil
gris, rouge ou brun, raie noire sur le dos,
traversée d'une autre sur le garot. Il a le pied
sûr, va ordinairement l'amble, change difficilement d'allure, se détourne pour éviter
l'eau, la boue. Il a l'œil bon, l'ouïe, l'odorat fins ; son braiement s'entend de loin,
est désagréable. Il est sobre, se contente des
herbes que les autres animaux dédaignent,

15.

s'accommode de tout , est délicat pour l'eau, qu'il préfère claire, coulante ; vit à peu de frais, dort peu et debout. Il est laborieux : si on le surcharge, il incline la tête , baisse les oreilles ; il porte plus qu'aucun animal de sa taille. Jeune, il est gai, léger ; âgé, il est lent, têtu ; il vit autant que le cheval, peut produire à deux ans : il est ardent , furieux dans le plaisir ; est attaché à sa progéniture. La femelle porte douze mois un petit nommé *ânon ;* elle peut être couverte peu de jours après. L'âne avec la jument produit les grands mulets ; le cheval avec l'ânesse produit les petits mulets. L'âne est moins fort dans les pays froids ; les plus vigoureux sont dans l'Asie mineure , l'Espagne ; en France, ceux des départemens de l'ouest sont les plus beaux. La peau de l'âne est dure , élastique , sert à faire des cribles , des tambours, des tablettes de poche pour écrire, en l'enduisant de plâtre et de céruse : le gainier l'emploie sous le nom de *chagrin (sagri) :* on se sert de la bourre , des os, de la corne des pieds. Cet animal qui sert utilement l'homme, en est trop méprisé ; son espèce pourrait être perfectionnée.

BELLE-DE-NUIT.

BELLE - DE - NUIT, plante vivace, originaire d'Amérique, racine charnue; ses fleurs s'ouvrent en l'absence du soleil, d'où lui vient son nom. On en cultive deux espèces dans les jardins, l'une odorante, fleur blanche, tube très-long ; l'autre plus commune, fleur blanche, jaune, rouge, panachée ; toutes les deux craignent le froid.

16.

CITROUILLE, plante annuelle, ressemblant au potiron ; son fruit aussi gros est oblong, ses couleurs plus variées ; sa chair moins abondante, moins délicate, sert à la nourriture des hommes, des animaux. Ce qui a été dit des semences, des fleurs du potiron et de son effet sur les melons, s'applique à la citrouille : elle craint aussi le froid.

17.

SARRASIN, Blé noir, plante rameuse, annuelle, originaire d'Asie ; craint le froid, vient dans les mauvaises terres, peut se semer après une première récolte, croît vîte ; verte, sert de fourrage. Ses fleurs blanches ou roses, en bouquet, sont recherchées des abeilles, qui en tirent un *miel* peu estimé. Sa graine noire, anguleuse,

18.

C

18.

contient une farine blanche qu'on peut séparer sur une feuille de tôle chauffée ; on en fait gruau, bouillie, galette, pain : elle excite les poules à pondre, les engraisse, rend leur chair délicate, tient lieu d'avoine aux chevaux. La plante enfouïe par le labour avant la floraison, sert d'engrais à la terre.

On préfère le sarrazin de Tartarie qui supporte le froid, donne un grain plus gros et mûrit plutôt.

19.

TOURNESOL, *Maurelle*, plante annuelle, commune dans le midi de la France : le suc en est exprimé dans un moulin, lorsqu'elle est encore fraîche ; on en imbibe des toiles grossières, qu'on expose ensuite à la vapeur d'une lessive d'alun, de chaux, d'urine en ébullition ; ces toiles se colorent en bleu foncé : c'est le *tournesol en drapeau*, que les Hollandais nous enlèvent pour le mettre en *pain* et nous le revendre ensuite. Leur procédé est encore ignoré. On emploie le tournesol en pain dans plusieurs arts, au lieu d'indigo ; sa couleur est peu solide ; il sert à faire reconnaître les substances acides.

20.

PRESSOIR À VIN, machine destinée

à exprimer du marc de raisin fermenté ou non, le vin ou le moût qu'il contient. Le pressoir à *bascule*, avec ou sans vis, qu'on appelle aussi à *pierre*, à *tesson*, à *cage*, demande un grand emplacement, est coûteux, exige dix à douze hommes, casse souvent, est d'un effet lent. Le pressoir à *étiquet*, mis en mouvement par des leviers ou avec une roue horizontale ou verticale, ce qui vaut mieux, prend peu d'espace, est peu coûteux, occupe quatre hommes, est d'un plus grand effet que le précédent. Dans l'un et l'autre on taille le marc à chaque *serre*, ce qui fait passer dans le vin la saveur âcre de la grappe.

Le pressoir *à coffre simple ou double* est le meilleur de tous; les parties principales qui le composent, sont :

1.º Le *bâtis*, qui fait la base de la machine ;

2.º La *maie* de bois, carré long, creusé dans toute son étendue pour former le bassin, un peu plus profond dans son pourtour que vers le milieu ;

3.º Un *coffre* fixé sur des chevrons dans le bassin de la maie, formé d'un fond carré, sur lequel s'élèvent solidement trois planches

20.

épaisses, formant trois côtés du coffre ; l'un est le *dossier*, contre lequel se fait la pression ; les deux autres sont les *flasques*, qui sont percées de trous ; le quatrième côté du coffre, vis-à-vis le *dossier*, est fait d'une pièce carrée mobile, de même largeur, de même hauteur ; c'est le *mulet*. Le marc ou la *pressée* est mis dans le coffre, dont la capacité est plus ou moins grande, suivant qu'on avance ou qu'on recule le *mulet* ;

4.° Le *mouton*, pièce de bois placée derrière le *mulet*, qui reçoit et transmet l'action de la vis ;

5.° L'écrou, de bois dur, fixé solidement à l'entrée du coffre pour recevoir la vis ;

6.° La vis en bois dur, placée horizontalement ;

7.° La roue taillée en rochet, enarbrée sur le milieu de la vis, mise en mouvement par un levier à double cliquet ;

8.° Planches taillées comme des lames de couteau, placées dans la partie supérieure du coffre, destinées à glisser les unes entre les autres au-dessous d'une traverse fixe, à mesure que le *mulet* avance, afin que la serre

se fasse en-dessus comme sur toutes les
autres faces du cube ;

9.° Second coffre semblable au premier,
et placé symétriquement ;

10.° *Tablier* de voliges de bois blanc,
placé devant les trous des flasques pour
empêcher le jaillissement du vin.

Deux hommes suffisent pour servir ce
pressoir. On serre dans un des coffres, et
pendant que le vin s'écoule, on pousse la
vis dans l'autre coffre.

On place, dans l'opération, des coins
entre le mouton et le mulet dont ils em-
pêchent le retour. La vis doit peu sortir
de l'écrou, afin qu'elle ne se torde pas.

On sépare le vin des dernières serres,
comme moins bon. On ne taille pas le marc.

La pressée, d'abord de 7 pieds, est
réduite à 18 pouces. On obtient de la même
quantité de marc un 15.° de vin de plus
que dans les autres pressoirs : il permet par
jour six maies par coffre, quinze poinçons
de vin par maie, ou cent quatre - vingts
poinçons en tout. Le pressoir à étiquet
fait vingt fois moins d'ouvrage.

CHANVRE, plante annuelle, originaire

20.

21.

21.

de Perse, distinguée en *mâle* et *femelle* : le premier porte des fleurs sans graine ; le second des fleurs et une graine appe-lée *chenevi*. On appelle improprement chanvre mâle celui qui porte la graine, et chanvre femelle celui qui ne porte que des fleurs. Il se sème après les gelées dans des terres légères, meubles, fraîches ou *nouvellement desséchées* ; craint le froid, les oiseaux. Le *mâle* mûrit et se cueille le premier ; on sème en même temps à sa place des navets, des turneps, des panais. La femelle cueillie, on la met en bottes qu'on rassemble dans un creux, la graine en bas ; on les butte de terre pour achever de mûrir la graine et en faciliter la sépa-ration. La femelle dépouillée de sa graine et le mâle sont portés au rouissage. On rouit, 1.° dans l'eau courante ou tranquille, 2.° en étendant le chanvre sur les prés, 3.° en le mettant debout dans une fosse humide couverte. La première méthode donne rarement un chanvre blanc, corrompt l'air et l'eau, tue le poisson qui s'y trouve et les animaux qui en boivent. Si l'eau du *rouitoir* est dormante, elle devient un bon engrais. La seconde méthode n'est point nuisible ; elle est lente et rouit inégalement ; l'herbe de dessous en végète mieux. Quelques cultivateurs croient la troisième préférable aux deux autres (1). Le rouissage ramollit, nettoye la *filasse*, lui donne de la souplesse, facilite sa séparation de la *chenevote*. On sèche le chanvre au soleil ; on le serre dans un lieu sec, aéré ; on le teille, broie, foule en hiver ; la filasse sert à faire des cordes ; peignée avec plus ou moins de soin, filée à la quenouille ou au rouet, sert à faire des toiles plus ou moins fines, qu'on blanchit par la cendre et la rosée, ou par le procédé de Bertholet, plus prompt, plus économique. La culture ne fournit pas assez de chanvre à la France pour sa

---

(1) Bral suit à Amiens une méthode qui a du succès. Le chanvre encore vert, la tête et la racine coupées, est mis, par couches séparées, dans une fosse de seize pieds en carré, huit pieds de profondeur, dont l'eau se renouvelle sans cesse, mais lentement, par un petit filet d'eau continu. La poignée mise ensuite dans un auget rempli d'eau, y est retenue par des pointes qui sont dans le fond et deux cordes chargées d'un poids qui passent par-dessus. On retire par le gros bout la *chenevote* brin à brin ; la filasse reste. On la lave dans une eau courante ; elle est alors très-blanche. Cette méthode mérite d'être plus connue.

21. consommation. Le chenevi nourrit la volaille, donne de l'huile ; le marc engraisse
les bestiaux.

22. *PÊCHE*, fruit à noyau du pêcher ;
origine incertaine. Sa grosseur depuis un
pouce jusqu'à quatre de diamètre ; semée
de noyau, varie beaucoup : elle est agréable
à la vue, au toucher, au goût : on la distingue en velue quittant le noyau *(pêche
commune)* ; velue tenant au noyau *(pavi)* ;
lisse quittant le noyau *(pêche violette)* ; lisse
tenant au noyau *(brugnon)*. On mange ce
fruit cru, séché, cuit, confit à l'eau-de-vie,
au vinaigre, au sucre : on en fait du vin.
Le pavi rouge de Pompone, bon confit
au vinaigre ; la petite mignone à l'eau-de-
vie ; la sanguinole, qui a la chair rouge,
en compote ; l'abricotée, l'alberge jaune,
ont la chair jaune ; l'avant-pêche blanche
est mûre en *messidor* ; la pêche de peau à
la fin de *vendémiaire* ; les *bourdines, téton de
Vénus, madeleine violette*, réussissent mieux
en plein vent. On remarque comme singu-
larité, le pêcher nain et le pêcher à fleurs
semi-doubles qui donnent du fruit.

23. *NAVET*, plante bisannuelle, racine

charnue, pivotante; très-varié; chair blanche ou jaune; cultivé en grand, se sème par un temps pluvieux en terre légère, sablonneuse; peut succéder dans l'année à d'autres récoltes; laissé dans les terres, les engraisse; cueilli, les ameublit : la feuille sert de *fourrage*. Le navet se mange cru, cuit; les bestiaux le mangent avec plaisir; il doit être coupé par morceaux; sa graine nourrit la volaille, fournit de l'huile. Le navet coupé par tranches, séché, se conserve. Dans cet état il donne avec l'eau une boisson fermentée.

AMARILLIS, plante vivace, racine charnue, bulbeuse; trois espèces connues dans les jardins, la *bella-donne*, le *lys-jacques*, le *lys du Japon*; belles fleurs, couleurs vives, cerise, rose, cramoisi foncé, comme semées de paillettes d'or, odeur suave.

BŒUF, quadrupède ruminant, domestique; c'est le taureau coupé. La castration faite à deux ans et au-dessous, le rend plus gros, plus grand; au-dessus, il est plus courageux, plus actif. A deux ou trois ans on le met au travail; à dix on l'en retire pour l'engraisser. Il vit d'herbe, foin, paille, graines, fruits, racines, feuilles, jeunes pousses de divers arbres (1). Le bœuf est sobre, mange vite, se couche pour ruminer : il prospère dans les pays chauds, mieux dans les tempérés; parvient dans les bons pâturages au poids de seize cents livres et plus. La force de sa tête, la masse de son corps, le peu de hauteur de ses jambes, la lenteur, l'uniformité de ses mouvemens, sa patience, le rendent précieux dans les travaux champêtres qui demandent continuité d'action. On l'attèle seul ou à deux et plus, par les épaules, par la tête, ou de l'une et l'autre manière à la fois; la seconde vaut mieux. Le joug est placé derrière les cornes; il est mieux devant; un seul joug attache deux bœufs au timon; quelquefois, ce qui vaut mieux, chaque

____

(1) Dans les parties du Nord où l'herbe est rare, on fait sécher ces jeunes pousses, et on les met en bottes pour l'hiver. Lorsqu'on veut s'en servir, on en met dans un vase de bois avec de l'eau, on y jette des cailloux rougis au feu, on recouvre, la feuille se ramollit; lorsque le tout est refroidi, on a tout-à-la-fois une nourriture et une boisson agréables au gros comme au petit bétail.

bœuf a son joug. Il a le pied sûr, peut porter sur le dos, mieux sur les cornes; il est sensible aux bons traitemens, obéit à la voix : la chaleur l'incommode. Les arts emploient son poil, sa peau, ses cornes et leurs noyaux, son sang, son fiel, ses intestins, ses os; sa chair, très-substantielle, saine, de facile digestion, se mange cuite fraîche, se conserve séchée, fumée, salée, pour les armées, la marine, les voyages de long cours : son fumier bon engrais. Il y a une variété sans cornes.

25.

AUBERGINE, Mélongène, plante annuelle, originaire d'Asie, d'Afrique, d'Amérique; fruit rond ou oblong, violet ou blanc, cultivé en pleine terre dans les climats chauds, sur couche dans les climats tempérés de la France; se mange cuit, assaisonné. La variété à fruit blanc est cultivée sous le nom de *plante aux œufs*.

26.

PIMENT, Poivre-long, plante annuelle, originaire d'Amérique, cultivée dans les jardins; aime la chaleur; son fruit long, obtus, pointu ou rond, est d'abord vert, ensuite rouge ou jaune; frais, se confit au vinaigre; séché, supplée au poivre.

27.

28.   *TOMATE*, plante annuelle, originaire
d'Amérique ; fruit charnu, forme aplatie,
beau rouge ou jaune, peau fine ; aime la
chaleur, sert d'assaisonnement.

29.   *ORGE*, plante annuelle, quatre espèces :
1.° le *commun*, originaire de Sicile et de
Russie ; 2.° le *nu* ou *sucrion*, originaire de
Tartarie ; 3.° *l'escourgeon* ; 4.° *le plat* ou
riz d'Allemagne : cultivé en grand par-tout,
réussit dans tous les climats, croît dans les
terres légères ; préféré, après le froment
et le seigle, pour faire du pain, qui est
meilleur lorsqu'on le mêle dans la proportion d'un tiers avec les deux autres.
Mondé, perlé, en gruau, cuit au lait, au
bouillon, fait une nourriture saine ; germé,
séché, moulu, délayé dans l'eau, mis dans
une cuve, fermente à l'aide d'un levain,
fait la bière, et de l'eau-de-vie de grain.
L'orge remplace l'avoine pour les chevaux,
nourrit, engraisse la volaille.

30.   *TONNEAU*, vase de bois destiné à contenir des liquides, de forme cylindrique,
renflé par son milieu où est la bonde, ou
de la forme d'un œuf tronqué par lés deux

30.

bouts. Il est composé de plusieurs pièces appelées *douves*, contenues par des cercles de bois ou de fer ; fermé à chaque bout par un fond de bois encastré dans une rainure circulaire, appelée *jable*. Le merrain ou bois de douve et de fond est fait de bois de chêne dépouillé de son aubier et bien sec. Les cercles sont faits ordinairement de bois de châtaignier.

Il est à desirer que les tonneaux soient d'une capacité uniforme dans toute la République, et dans un rapport constant avec les nouvelles mesures de capacité.

BRUMAIRE,

Mois des Brumes, Brouillards.

1. *POMME*, fruit à pepin du pommier, arbre moyen, cultivé avec succès dans tous les jardins, et en grand dans les climats tempérés : on distingue la pomme à *cidre* et la pomme à *couteau* ; celle-ci forme plus de soixante variétés, dont un tiers de choix. Elle se cueille à la main, depuis messidor jusqu'au milieu de vendémiaire ; varie en grosseur depuis un pouce jusqu'à cinq de diamètre ; en *maturité*, depuis messidor jusqu'à la même époque de l'année suivante ; en *forme, couleur, saveur :* elle est tendre ou cassante ; se mange crue, séchée, cuite, confite, en gelée, en pâte. La *pomme de glace* mise dans une eau un peu salée, fait une boisson agréable, rafraîchissante. La reinette franche, supérieure à toutes, se conserve le mieux : les pommes mises en tas ressuent ; on les essuie avec un linge doux, sec ; on sépare celles qui sont sans tache et les meilleures, pour les étendre sur de la mousse sèche, dans un lieu sec, obscur, tempéré ; si elles

gèlent, on les fait revenir dans l'eau froide. 1.
On peut les transporter au loin.

Les pommes à cidre, plus variées, se cueillent dans ce mois; entassées quelque temps, écrasées sous la meule, pressurées, elles fermentent dans le tonneau, donnent le pommé ou cidre dont on fait de l'eau-de-vie, du vinaigre; la pomme âpre donne le cidre qui se conserve le mieux. Le marc arrosé d'eau fermente encore, donne un *petit cidre*; desséché, nourrit la volaille, les bestiaux, sert de chauffage. Le moût de pomme ainsi que le moût de raisin, se cuit seul ou avec différens fruits dont on fait des compotes qui se conservent toute l'année.

Les semis de pepin donnent quelquefois des variétés intéressantes, que la greffe perpétue.

Les pommes sauvages engraissent les cochons.

CÉLERI, plante bisannuelle sauvage, 2. aromatique, âcre, des lieux humides; s'adoucit, s'attendrit par la culture et le blanchîment; se mange cru, cuit : les bestiaux le mangent. Les graines, très-

2. aromatiques, douces, entrent dans quelques liqueurs. Ses variétés sont le céleri long, court, plein, creux, rouge, et le céleri-rave, préféré pour cuire, il se mange en entier.

3. *POIRE*, fruit à pepin du poirier grand arbre des forêts. Au moins 150 variétés de *couleur, grosseur, saveur* différentes, connues sous plus de mille noms, dont un tiers de choix. Elles se distinguent en fondantes, cassantes, à cuire, à couteau, d'été, d'automne, d'hiver. Les plus précoces mûrissent en messidor ; les plus tardives se cueillent en vendémiaire, mûrissent jusqu'au printemps suivant ; se conservent comme les pommes ; se mangent crues, séchées, tapées, cuites, confites au sucre, à l'eau-de-vie, au vin cuit ; écrasées, fermentent, donnent une boisson nommée *poiré;* on en fait de l'eau-de-vie, du vinaigre. Le marc, ainsi que les fruits entiers, arrosés d'eau, donnent une boisson ; est préféré à celui de la pomme pour la volaille et le chauffage.

Quelques espèces de poires se perpétuent de semence sans dégénérer ; d'autres demandent la greffe.

BETTERAVE,

BETTERAVE , plante bisannuelle ; cultivée en grand , fatigue peu la terre ; racine grosse , pivotante , charnue , sucrée , d'un rouge foncé , rouge clair , jaune , ou blanche. Les feuilles , la racine se mangent cuites ; la racine crue se conserve dans le vinaigre , dans le sel ; réduite en pulpe , elle fermente , devient acide , agréable à manger. Cette plante fait une bonne nourriture pour les bestiaux , ainsi qu'une variété précoce très-grosse , rouge , pâle , connue sous le nom de *disette.* Deux variétés sont cultivées pour la table : l'une petite , blanche , pour sa précocité ; l'autre de Castelnaudari ; pour sa saveur.

4.

OIE , oiseau aquatique , à pied palmé , sauvage , domestique. Le mâle est appelé *jars* , les petits , *oisons.* L'oie est vorace, facile à élever ; s'éveille , crie au plus léger bruit. On lui enlève son duvet deux fois l'an ; celui de l'oie du nord plus estimé : les plumes de l'aile servent pour écrire. La sensualité a fait imaginer des moyens atroces pour engraisser l'oie et grossir son foie. On conserve sa chair en la séchant, la fumant, la salant ou en la mettant dans la graisse. Les

5.

D

5. oies sauvages changent de climat, vont par troupe, disposées sur deux lignes qui forment un angle ; leur vol offre des remarques intéressantes. La femelle couve trente jours, et fait plusieurs pontes dans l'année.

6. *HÉLIOTROPE*, arbuste vivace, délicat ; apporté du Pérou en France, au commencement du 18.e siècle. On le cultive pour sa fleur, qui a l'odeur de la vanille ; il se multiplie de graine, de bouture, semé ou planté dès le commencement du printemps, il fleurit dans l'année. Une espèce annuelle, connue sous le nom d'*herbe aux verrues*, croît dans nos champs.

7. *FIGUE*, fruit du figuier, arbrisseau laiteux, originaire d'Asie. Cet arbre aime la chaleur, on le garantit du froid en l'empaillant, ou ce qui vaut mieux, en couchant ses branches dans la terre, lorsqu'elle est sèche ; il donne deux récoltes par an. Ses fleurs sont cachées dans le fruit. Les variétés nombreuses de la figue, cultivées dans le midi de la France, font une branche considérable de commerce. Les plus cultivées dans la partie moyenne, sont la blanche, la longue,

la ronde, l'angélique, la violette. La figue se mange fraîche, sèche ; en la faisant fermenter, elle donne de l'eau-de-vie.

SCORSONÈRE, Salsifis noir, plante laiteuse, potagère, vivace, originaire d'Espagne, de Sibérie ; résiste au froid. Sa racine longue, noire en dessus et blanche en dedans, se mange cuite.

ALIZIER DES BOIS, arbre moyen ; feuille profondément découpée ; bois dur, de bonne qualité, qui sert au tourneur, menuisier, charpentier. On l'emploie à monter quelques outils, à faire les fuseaux des lanternes, les alluchons des roues dans les machines. Son fruit nommé *alize,* se mange *bletti* ou mou comme la nèfle ; par la fermentation il donne une boisson.

CHARRUE, Araire, Aran, le plus utile, le plus usité des instrumens d'agriculture pour ouvrir, remuer, diviser, ameublir, relever, renverser la terre qu'on veut ensemencer, et pour chausser, butter les plantes. Elle remplace le *pic, la bêche,* comme plus expéditive. Elle doit être solide, légère, aisée dans sa marche, facile à

7.

8.

9.

10.

D 2

diriger. Sa construction varie suivant la qualité, la profondeur du sol.

Elle est simple ou composée, avec ou sans avant-train, à une ou deux roues, sans coutres, ou à un, deux, trois, quatre coutres; à coutres sans soc pour faciliter le défrichement; à une ou deux oreilles, à oreilles amovibles ou non.

Les parties qui la composent sont:

1.º Le *cep* de bois dur (poirier, prunier, cormier), de forme triangulaire, poli, avec ou sans roulette à son talon. Il porte le soc.

2.º Le *soc* de bon fer aciéré, aigu, avec ou sans ailes, de dix-huit à trente-six pouces de long, fixé au cep qu'il déborde.

3.º L'*age*, *flèche* ou *timon*, d'une seule pièce de bois léger (hêtre, frêne, tilleul), long de six à dix pieds, plus ou moins incliné sur le cep, s'attache au joug ou à l'avant-train.

4.º L'*oreille* ou *versoir*, de forme, partie concâve, partie convexe, de bois dur, poli, bordé de fer, placé à droite ou à gauche du cep, pour relever, renverser la terre.

5.º Le manche à une, à deux branches de bois dur (chêne).

6.º Le coutre ou couteau de bon fer
aciéré, fixé à la flèche presque verticalement
en avant du soc, pour fendre la terre, couper
les herbes, les racines. | 10.

7.º L'avant-train, à hauteur du poitrail,
léger, à une, deux ou trois roues de bois;
moyeu de frêne; *jantes*, frêne ou hêtre;
rais, chêne ou frêne.

Le soc pique, entre d'autant plus qu'il
est plus court, que l'angle qu'il fait avec
l'age est moins ouvert, que l'age est plus
long, que le tirage est plus horizontal,
plus élevé.

SALSIFIS ou *SERSIFIS*, plante | 11.
laiteuse, bisannuelle des prairies; cultivée,
résiste au froid; sa racine blanche se mange
cuite.

MACRE, *Cornuelle*, *Châtaigne d'eau*, | 12.
plante annuelle des étangs, demande au
moins vingt pouces d'eau; se cueille en
automne : l'amande de son fruit se mange
crue, cuite; approche pour la saveur, la
consistance, de la châtaigne; devrait être
multipliée.

TOPINAMBOUR, *Terre-à-touffe*, plante | 13.
traçante, vivace, originaire du Brésil;

D 3

13. cultivée en France depuis le commencement du 17.ᵉ siècle; vient dans les mauvaises terres, rapporte, multiplie beaucoup, résiste au froid, est presque indestructible. Sa fleur paraît tard, est semblable à celle du soleil des jardins, mais plus petite. Ses racines sont des tubercules irréguliers, charnus, nourrissans dont la saveur approche de celle de l'artichaut : toute la plante nourrit les bestiaux. Ses tiges contiennent du nitre, pourraient donner de la filasse : multipliée constamment par ses racines, elle a cessé de donner de la graine, et par conséquent des variétés utiles.

14. *ENDIVE , Scarole , Chicorée frisée,* plante annuelle potagère; craint le froid; blanchie, se mange crue, cuite; se conserve confite; varie par sa grosseur, ses découpures, sa précocité, sa tendreté. Elle fait une nourriture rafraîchissante pour les chevaux, pourrait être cultivée avec avantage pour les moutons.

15. *DINDON,* gros oiseau de basse-cour, originaire de l'Amérique septentrionale; sauvage, pèse jusqu'à soixante livres; domestique, jusqu'à trente livres : naturalisé

15.

au commencement du 16.ᵉ siècle. Son plumage est noir, gris, blanc, ou panaché. Le dindon est irascible, bat à mort les animaux foibles de son espèce ; vit de graines, d'herbe, de racines, de fruits, et d'insectes, dont il purge les jardins, les champs ; ne craint point le froid, réussit mieux dans les terreins secs, s'engraisse aisément, surtout avec des noix non ouvertes ; est bon à manger dès la première année ; sa chair est savoureuse, digestive, nourrissante. La femelle pond à l'écart, couve deux fois l'an, ne quitte pas son nid, même pour ses besoins ; les petits sont trente jours à éclore ; trop de soins leur nuisent, les rendent difficiles à élever. Ils aiment à paître, mangent l'ail, l'ortie. L'humidité, la faim leur sont contraires : les plumes des dindons sont employées.

16.

CHERVI, plante vivace connue en Europe depuis 1600 ; cultivée pour sa racine pivotante, blanche, charnue, douce, qui se mange cuite ; c'est une des racines dont on a retiré jusqu'à présent le plus de sucre en tout semblable à celui du commerce. Sa

16. graine germe difficilement, réussit mieux en automne.

17. *CRESSON DE FONTAINE*, plante vivace, aquatique. Le cresson peut se cultiver dans les jardins ; se mange cru, confit au vinaigre ; desséché sert sur mer dans les voyages de long cours. On lui substitue par erreur le *cresson des prés* et le *beccabunga*.

18. *DENTELAIRE*, plante vivace, feuille très-caustique, d'usage en médecine ; fleur bleue, en épi, qui dure jusqu'aux gelées.

19. *GRENADE*, fruit du grenadier, arbrisseau originaire d'Afrique, naturalisé dans le midi de la France ; varie en grosseur ; saveur plus ou moins acide ; il est bon cru ; se confit et se transporte au loin. Son écorce sert dans la teinture et la tannerie.

20. *HERSE*, instrument aratoire formé d'un chassis de bois triangulaire, trapèze ou carré, armé en dessous de pointes de fer ou de bois, longues de cinq à huit pouces. Elle sert à diviser, ameublir, égaliser la terre ; suivant le poids dont elle est chargée, elle couvre les semences plus ou moins profondément, selon leur nature. Les petites graines n'ont besoin que d'un fagot d'épines au lieu de herse. Elle sert aussi à enlever la mousse des prés et les mauvaises herbes des terres. Cette opération réussit mieux en temps de neige.

BACCHANTE, arbrisseau de l'Amérique septentrionale, presque toujours vert ; craint les grands froids, croît vîte, donne tard ses fleurs élégantes ; cultivé dans les jardins sous le nom de *seneçon* en arbre.

AZEROLE, fruit à osselets de l'azerolier, appelé d'*Italie* ; petit arbre épineux, agréable, cultivé dans le sud de la France, ressemblant à l'aubépine. L'azerole a la forme de la pomme d'api, est beaucoup plus petite, moins colorée : quelques variétés sont longues ou blanches ; elle se mange crue, confite ; on en fait une boisson fermentée.

GARENCE, plante vivace, traçante, sauvage, dans le midi de la France ; cultivée par-tout ; fatigue peu la terre ; ses feuilles tendres nourrissent les bestiaux ; ses

23. racines fournissent à la teinture une couleur rouge, orangée, très - solide ; fraîche, elle est préférable, mais elle ne peut se transporter au loin, qu'en la desséchant laborieusement dans des fours, et la pulvérisant. On éviterait ces deux opérations en la cultivant près des ateliers de teinture. On a teint les os de quelques animaux, en mettant dela racine de garence dans leurs alimens.

24. *ORANGE DOUCE*, fruit à pepin de l'oranger, petit arbre originaire d'Asie, naturalisé dans le midi de la France. Sa fleur recherchée des abeilles, a une odeur suave, très-expansive ; on en fait une eau aromatique. Le fruit se mange cru, confit ; se transporte au loin ; on en prépare une boisson. Son écorce donne de l'huile essentielle, que le sucre rend miscible à l'eau. Plusieurs variétés : les meilleures ont l'écorce mince, lisse ; on préfère celle dont la chair est rouge.

25. *FAISAN*, oiseau des bois, originaire d'Asie, naturalisé dans les parties tempérées ; son éducation est difficile ; fait un grand dégât dans les blés ; son plumage

est beau ; sa chair délicate a un fumet
qui lui est propre. La poule-faisane pond
vers le commencement de floréal, couve
vingt-cinq jours ; ses plumes, lorsqu'elle
vieillit, prennent l'éclat de celles de son
coq.

PISTACHE, fruit à amande du pistachier, arbre moyen, originaire d'Asie,
naturalisé dans le midi de la France. On
distingue le pistachier à fleur mâle, et à
fleur femelle portant du fruit disposé en
bouquet. La peau verte, cramoisie, recouvre
une coque peu dure, dont l'amande ver-
dàtre, d'une saveur agréable, se mange
fraîche, sèche, en dragée ; contient une
huile fort douce.

MACJON, *Gland de terre*, *Sane*, plante
vivace des champs ; jolie fleur papilionacée,
purpurine, odorante ; tubercule à sa racine
de la forme d'un gland ; peau noire, chair
blanche ; se mange cuit sous la cendre et à
l'eau ; sa saveur est celle de la châtaigne ;
il contient du sucre et une fécule. Il serait
utile d'essayer de cultiver cette plante

27.

comme fourrage ; dans certains pays on la cultive pour son tubercule.

28.

COIN, fruit à pepin du cognassier, arbre moyen, originaire d'Asie. Le coin a la forme de la poire, est gros, jaune, d'une odeur agréable ; sa chair astringente, ferme ; ses semences très-mucilagineuses. Il se mange cru, cuit ; parfume les fruits avec lesquels on le prépare : on en fait une liqueur, on le confit au sucre, au vin cuit. Le coin de Portugal est plus gros et préféré.

29.

CORMIER, Sorbier domestique ; grand arbre des forêts, beau port ; fleurs blanches, nombreuses, disposées en ombelle (ou parasol) ; fruit à pepin, petit, de la forme d'une poire, long ou rond, d'une saveur âpre ; il mûrit sur la paille, se conserve peu, se mange mou ou bletti, est préférable à la nèfle, et recherché par les animaux ; sans eau on en fait un *cidre* fort, avec de l'eau une boisson légère. Le cormier cultivé, réussit par-tout, croît lentement ; son écorce est astringente ; son bois rougeâtre, le plus dur des bois des grands arbres de la France, est employé à monter des outils, faire

des verges de fléau, des vis de pressoir,
des cylindres, poulies, et toutes les parties
des machines sujettes à frottement; il doit
être travaillé très-sec. Cet arbre utile est
trop peu cultivé.

ROULEAU, instrument rural de bois,
de pierre, de fer, à un ou deux cylindres
sur deux lignes parallèles, montés dans un
même chassis, ou sur la même ligne; ce
dernier tourne aisément et ne déchire pas
le terrein; uni à sa surface, il divise,
écrase les mottes, affermit la terre sur
les semences, les racines; ralentit l'évaporation, unit les gazons, les prairies;
hérissé de pointes, il divise mieux, rompt
la croûte qui arrête la sortie des semences.
Le chassis doit être aussi garni de pointes
en dedans. Des rouleaux de fonte d'un
grand poids servent à affermir les chemins.

FRIMAIRE,

Mois des Frimas.

1. *RAIPONCE,* plante bisannuelle, laiteuse ; racine pivotante, blanche, cassante, saveur douce qui se mange, ainsi que la feuille, crue, cuite. On peut la transporter des champs dans les jardins, pour recueillir la graine qui est très-fine, luisante, brunâtre, de culture difficile ; elle réussit semée sur une terre douce, légère, bien ameublie, sans être couverte autrement que de mousse ou de paille froissée ; cette plante aime l'ombre, la fraîcheur.

2. *TURNEPS, Rave, Rabioule,* espèce de navet, plante bisannuelle, racine plus ou moins large, ronde ou aplatie, terminée en-dessous par un filet pivotant ; peau blanche, verte ou violette vers le collet, chair ferme, cassante, blanche, ou jaunâtre ; celle-ci préférable ; cette racine se mange crue, cuite sous la cendre, à l'eau, parfume les alimens ; coupée mince, on la fait aigrir dans de

l'eau salée, comme le *saurcraute*. Ses pousses jeunes se mangent en salade ; sa graine donne de l'huile ; toute la plante peut nourrir, engraisser les bestiaux. Après une première récolte, les moutons parqués, les cochons, se nourrissent de ce qui reste.

Le turneps se sème dès prairial dans les terres légères, plus tard dans les terres fortes, jusqu'à la seconde décade de fructidor ; un temps de pluie est nécessaire pour le garantir du ticquet ou lisette ; deux livres de semence suffisent par arpent ; sur la fin de la saison il en faut moins. On recouvre peu, on sarcle, on éclaircit à un pied de distance ; il réussit mieux dans les terres légères, sablonneuses, profondes, bien préparées ; utilise les jachères, craint peu le froid, fatigue peu la terre, sert à l'ameublir. En enfouissant le turneps par le labour, il sert d'engrais. Sa variété à racine jaune se mange jeune, comme le radis.

CHICORÉE SAUVAGE, plante vivace, laiteuse, amère ; ne craint point le froid, se mange verte toute l'année ; blanchie l'automne, l'hiver ; cultivée en grand,

2.

3.

3. donne un fourrage abondant , utile pour tous les bestiaux ; les cochons mangent sa racine. Variété à fleur blanche.

4. *NÈFLE*, fruit du néflier, arbre moyen des forêts ; deux variétés cultivées, l'une à gros , à petit fruit à osselets , l'autre à petit fruit sans osselets ; se mange blettie crue , en beignet ; sa maturité devient égale au-dedans et au-dehors, en l'agitant dans un *van*.

5. *COCHON*, quadrupède domestique provenant du sanglier ; le mâle se nomme *verrat* ; la femelle *truie* ; elle porte environ quatre mois, peut mettre bas deux fois l'an, jusqu'à douze petits à chaque fois : croît vite , vit vingt ans , craint la chaleur, exige de la propreté, se nourrit de gland , de son , de racines , cherche les vers , fouille , endommage les prairies ; jeune, s'engraisse plus ou moins rapidement : lorsqu'il a acquis toute sa graisse, on perd à le nourrir davantage. Son poil ou *soie*, sa peau sont employés dans les arts. La graisse de sa peau sous le nom de lard, celle de ses intestins sous le nom de sain-doux, ainsi que sa chair , se mangent frais , salés ou fumés ,

et

et assaisonnent les autres viandes ; le sang, | 5.
les intestins se mangent aussi.

La variété connue sous le nom de *cochon de Chine, Siam, Tunquin*, a le dos cambré, le ventre pendant jusqu'à terre, est plus petite, croît vîte, s'engraisse plus promptement et à moindres frais que le cochon ordinaire ; sa chair est plus délicate.

MÂCHE, Doucette, plante annuelle, | 6.
sauvage, potagère ; plusieurs variétés ; se mange crue, cuite ; mêlée à l'oseille, l'adoucit ; les agneaux la recherchent : se sème depuis prairial jusqu'en fructidor. Sa graine de trois à quatre ans, préférable ; encore bonne à sept, huit ans.

CHOU-FLEUR, plante annuelle pota- | 7.
gère, provient du chou ; se soutient sans dégénérer par les arrosemens dans une terre bien amendée ; redevient chou lorsqu'on le néglige ; sa culture difficile ; l'art en procure de frais toute l'année ; se mange cuit ; se conserve frais, dépouillé de toutes ses feuilles grandes et petites dans un lieu sec, obscur ; on le conserve aussi confit, séché. Ses variétés sont *le tendre* ou *hâtif*,

E

7. *demi-dur, dur;* il réussit mieux semé sur couche ; assez fort, on le transplante avec sa motte en pleine terre.

8.   *MIEL*, substance douce, sucrée, rassemblé dans les ruches, dans le creux des arbres, par les abeilles sauvages, domestiques, qui le récoltent au fond des fleurs ; elles préfèrent les plantes aromatiques. En automne, le sarrasin, la bruyère sont leur principale ressource ; mais le miel en est peu estimé. Le tilleul est regardé dans le Nord comme fournissant le meilleur. Les abeilles remplissent leur estomac du miel qu'elles butinent ; une partie les nourrit, elles dégorgent le surplus dans les alvéoles élevées de la ruche : la réunion de ces alvéoles forme les rayons ou gâteaux. Pour obtenir le *miel vierge,* on suspend les *gâteaux* au sortir de la *ruche,* dans un linge propre, au-dessus d'un vase de terre, dans un lieu sans feu ni soleil : on retourne de temps en temps les gâteaux pour en faciliter l'écoulement. Le miel qu'on retire au soleil, ou en pressurant les gâteaux, prend le goût de la cire. Le meilleur est blanc, ferme, grenu. On le mange en nature ; on en fait

une boisson fermentée, appelée *hydromel*, qu'on perfectionne en la mettant dans des tonneaux qui ont contenu de bon vin ; on en obtient de l'eau-de-vie, du vinaigre. Le miel pétri, cuit avec la farine de seigle, fait le *pain d'épice*. Il remplace le sucre dans les confitures et autres usages. Il serait utile de mettre dans le voisinage des ruches, des plantes choisies, à fleurs tardives.

GENIÈVRE, baie noire du genevrier, petit arbre toujours vert des forêts, des lieux stériles, qui, par ses émanations aromatiques, purifie l'air où il végète ; croît lentement, s'élève de graine semée à l'instant de sa maturité ; reprend difficilement par la transplantation. On mange le genièvre sous forme d'extrait ; on en fait une infusion, un ratafia ; avec de l'eau, il fermente, fait une boisson saine, agréable ; il donne une huile essentielle ; l'eau-de-vie de grain aromatisée avec ces baies, donne l'eau-de-vie de genièvre. Son bois très-dur est employé dans les arts.

.*PIOCHE*, outil de deux sortes ; l'une à fer pointu, sert à diviser la terre, la

10. pierraille ; l'autre à fer carré, très-convenable pour lever les arbres destinés à être plantés. Dans l'une et l'autre, le fer un peu recourbé est de dix à quinze pouces de long ; le manche de bois, de deux pieds et demi.

11.   *CIRE*, substance ductile, inflammable qu'on retire des ruches ; elle provient de la poussière que les abeilles recueillent sur les étamines des fleurs, et qu'elles rassemblent en pelote dans les cavités de leurs pattes. Elles en mettent une partie en magasin ; la plus considérable acquiert dans leur estomac les propriétés de la cire ; elle est alors blanche. Les abeilles en font des alvéoles ou petites loges très-régulières, à six faces, où elles déposent leurs provisions et leurs œufs ou *couvain*. Ces alvéoles sont disposées en *rayons* ou *gâteaux*. La cire jaunit dans la ruche par les émanations qui y circulent. Le miel exprimé, on lave, on fond la cire dans l'eau chaude, on la met en pains pour le commerce. Elle est alors jaune, grasse, légère, d'une bonne odeur. Pour blanchir la cire, on la fond de nouveau, on la fait couler par filet délié sur un cylindre

horizontal plongeant à moitié dans l'eau
froide. On tourne le cylindre, la cire se
fige et se déploye en rubans minces qu'on
étend sur de la toile à la rosée. Tout corps
froid, arrondi, poli, plongé dans la cire
fondue, en prend une couche, la fige et
peut aussi servir à la réduire en lames
minces pour le blanchiment. En perdant sa
couleur, elle perd son odeur et devient
cassante. Pure, imprégnée de diverses couleurs, on en fait des bas-reliefs, des figures,
des objets d'étude pour l'anatomie ; sa
ductilité la rend propre à plusieurs arts ;
on en fait des bougies. L'éducation des
abeilles doit être encouragée, pour trouver
en France toute la cire nécessaire à la
consommation.

RAIFORT, Cran, plante vivace des
lieux frais, racine grosse, longue, blanche,
charnue ; saveur piquante ; contient du
soufre et de la fécule ; se mange crue avec
les alimens qu'elle assaisonne ; remplace la
moutarde ; réduite en poudre, est utile
dans les voyages de long cours. Ses feuilles
longues peuvent nourrir les bestiaux. On
force la racine à pivoter, en coupant au

E 3

12. printemps les petites racines autour du collet.

13. *CÈDRE DU LIBAN*, grand arbre résineux, toujours vert, originaire des montagnes d'Asie, cultivé en France depuis 1730. Ses branches horizontales, très-ramifiées, s'étendent au loin : sa forme est pyramidale ; sa pointe s'incline vers le nord. Il est foncé en couleur ; son ombrage épais, sombre ; son port imposant ; son fruit ou cône, de la grosseur du poing, commence à donner en France de bonnes graines. Il se multiplie de semences, réussit dans tous les terrains ; jeune, craint le froid ; âgé, y résiste : son bois odorant, blanc rougeâtre, d'un tissu fin, serré, et presqu'incorruptible, seroit très-utile dans les arts. Sa résine est d'une odeur agréable. Le bois de cèdre du commerce est celui du *genevrier de Virginie*, ou *cèdre rouge*.

14. *SAPIN À FEUILLE D'IF*, grand arbre résineux, toujours vert, de nos montagnes. Il résiste au plus grand froid, craint le soleil ; jeune, il reprend et repousse bien sous les autres arbres ; feuilles plates, rayées de

blanc en-dessous ; fruits ou cônes dont la pointe est dirigée en haut. On le confond avec l'*épicea*, dont la feuille est cylindrique et le fruit pendant.

La résine du sapin est la térébenthine du commerce ; distillée, donne une *huile essentielle*, connue sous le nom d'esprit ou essence de térébenthine. Son bois sert dans la mâture, est très-employé dans les arts, varie peu en longueur par la chaleur, d'une longue durée sous l'eau, sous terre. La seconde écorce détachée au printemps, est employée dans le Nord comme aliment. Ses jeunes branches peuvent suppléer au houblon dans la bière.

CHEVREUIL, quadrupède des forêts, des lieux montueux, armé d'un bois peu rameux qui tombe en automne ; vit en famille, est fidèle à sa femelle, ne s'apprivoise jamais parfaitement, dévaste les champs, s'élance, saute très-haut pour rompre sa trace lorsqu'il est poursuivi. Sa femelle porte cinq mois et demi ; sa peau est employée sous le faux nom de *peau de daim* ; sa chair est délicate.

16. *AJONC, Jonc marin,* arbrisseau épineux, toujours vert, fleur papilionacée qui paraît deux fois l'an ; croit dans les mauvaises terres ; sensible au grand froid ; fait des haies ; transplanté, reprend difficilement ; coupé jeune et écrasé, fournit aux bestiaux un fourrage sain ; vieux, sert à brûler ; pourri, fait engrais.

17. *CYPRÈS,* arbre moyen, résineux, odorant, toujours vert, originaire du Levant ; porte sur le même pied des fleurs mâles et femelles séparées. Les étamines des premières répandent au printemps une poussière jaune très-abondante. Aux fleurs femelles succède un fruit articulé, nommé noix de cyprès ; son astriction pourrait le rendre utile dans la teinture et autres arts ; il contient plusieurs graines. Son bois serré, blanchâtre, presque incorruptible, peut croître dans les mauvais terrains ; craint les grands froids. Deux variétés, l'une à branches ouvertes, l'autre de forme pyramidale, sont mal-à-propos nommées la première mâle, la seconde femelle. La forme pyramidale du dernier, sa verdure

perpétuelle, son odeur balsamique, l'ont | 17.
fait planter près des tombeaux, par les
anciens.

LIERRE, arbrisseau grimpant, résineux, | 18.
toujours vert; feuilles luisantes, épaisses,
d'un vert obscur; graines noires, en bouquet. Il s'attache aux arbres, aux murailles,
les détruit, garnit les lieux ombragés; son
bois léger, spongieux, peut, à défaut de
liége, en tenir lieu; il donne une résine
appelée *gomme de lierre*. Le bois des racines
sert à affiler des outils. Ses variétés sont
à feuilles panachées de blanc, de jaune,
et à fruit jaune.

SABINE, arbrisseau résineux toujours | 19.
vert, originaire du midi de la France, du
genre du genevrier; aime l'ombre; sa forme
est irrégulière, son odeur très-forte. Deux
espèces, l'une à feuille de cyprès, improprement appelée mâle, c'est la plus commune;
l'autre à feuille de tamaris, improprement
appelée femelle; l'une et l'autre varient,
à feuilles panachées.

HOYAU, instrument aratoire; fer long | 20.
de 15 à 20 pouces, également courbé dans

20. toute sa longueur ; cette courbure mesurée à son milieu , donnera un *rayon* de deux pouces et demi de long ; largeur du fer , près de *l'œil*, deux pouces ; à son extrémité opposée, cinq : manche de bois courbé, de deux pieds de long ; l'espace entre le bout large du fer, et la partie du manche qui y répond , est d'un pied. Le hoyau tient le milieu entre *la pioche carrée* à son extrémité et *la houe* ; il sert avec avantage dans les terres fortes et pierreuses.

21. É R A B L E   À   S U C R E , grand arbre originaire de l'Amérique septentrionale , connu en France depuis peu d'années , encore rare ; réussiroit dans nos montagnes. Sa graine doit se semer peu de temps après sa maturité ; longue à germer. Les Américains en recueillent la sève avant la sortie des feuilles, en perçant la tige des arbres vigoureux d'un trou incliné , de cinq pouces de profondeur, d'un pouce de diamètre, dans lequel on met une canule. Cette sève est d'autant plus abondante, qu'il y a eu plus de neige ; évaporée dans des chaudières , donne un sucre qui rafiné , cristallise comme le sucre ordinaire , en a

21.

toutes les qualités, et fait une branche
considérable de commerce. Son bois est
propre au chauffage et aux arts. L'érable
à sucre ressemble à *l'érable plane*; il en
diffère en ce qu'il n'est pas laiteux, et
que les écailles de son bouton sont bordées
de noir. On prend souvent pour l'érable
à sucre, d'autres espèces d'érables.

22.

BRUYÈRE, arbuste toujours vert.
Dix espèces indigènes dont une fleurit sous
la neige ; quelques-unes sont odorantes.
Les fleurs sont agréables, de couleur
blanche, verte, rose, rouge, pourpre ou
mélangée suivant les espèces; elles se succèdent toute l'année et fournissent beaucoup de miel. La bruyère croît ordinairement
dans les lieux sablonneux, les fertilise par
son terreau très-bon à employer dans les
cultures soignées. La bruyère sert à faire
des balais, à faire monter les vers-à-soie ;
on en fait la litière des animaux ; réduite
en poudre, peut servir de tan ; elle fait un
bon chauffage ; sa cendre est un bon engrais,
et contient beaucoup de potasse.

23.

ROSEAU, canne, grande plante

23.

vivace, ligneuse, du sud de la France ; ses tiges droites, creuses, forment des tubes divisés par des nœuds espacés également ; s'élèvent de 10 à 15 pieds ; leur surface dure est comme vernissée. On en fait treillages, peignes, canettes de tisserand, quenouilles, supports de ligne pour la pêche. On les substitue aux échalas ; refendues, sont employées comme *lattes* : elles sont durables. Sa racine est sucrée ; on mange les premières pousses. Cette plante aime l'humidité, la chaleur. Une variété panachée, plus délicate, est nommée *Roseau-ruban*. On confond sous le nom de *roseau* plusieurs plantes qui ont des noms particuliers.

24.

OSEILLE, plante vivace, acide, sauvage, cultivée ; sa racine charnue, pivotante, sèche, donne à l'eau une couleur rouge : ses feuilles se mangent cuites, se conservent confites ; les bestiaux la mangent. Plusieurs variétés, la grande ou vierge, la longue, la ronde, la jaune ; la première ne donne point de graines, se multiplie de drageons ; les autres de graines. Une autre espèce sauvage, appelée *surelle*, très-petite, plus acerbe qu'acide, est recherchée des mou-

tons. Ce qu'on appelle sel d'oseille est | 24.
retiré de la plante *alleluia* ou *pain de coucou.*

G R I L L O N, *cricri*, insecte qui habite | 25.
les fournils et autres lieux chauds : le mâle
fatigue par son cri ; le siége de ce bruit
est dans les ailes ; il change brusquement
de place aussitôt qu'il a crié ; est difficile
à prendre, fait du dégât dans la farine,
les alimens ; la lumière l'attire.

P I G N O N   D O U X, semence du fruit ou | 26.
cóne du pin cultivé, arbre toujours vert
du sud de la France, tige haute, tête
étalée. Ce fruit eſt la pomme de pin des
sculpteurs ; l'enveloppe ligneuse du pignon
contient une amande agréable, émulsive,
qui fournit une huile douce. Elle se mange
fraîche, sèche, en dragée ; on en fait le
pignolet, espèce de confiture.

L I É G E, écorce épaisse d'un à deux | 27.
pouces, légère, souple, compressible,
élastique, d'un chêne vert, arbre du sud
de la France. Tous les dix ans environ,
dans le temps de la sève, on la coupe sur
l'arbre par tables de 4 à cinq pieds de long,
à l'aide d'une petite coignée ; on la sépare

27.

avec le manche fait en coin, en ménageant le *liber* ou seconde écorce, sans laquelle il ne reviendrait point de liége : l'écorce des vieux arbres est préférable. On la flambe pour la sécher ; on la lave, on la dresse en la chargeant. Le liége sert à faire des bouchons, semelles, bouées pour les ancres, chapelets pour les filets de pécheurs, vases à rafraîchir ; il sert aussi à polir les métaux ; réduit en charbon, il donne un noir employé dans les arts. On trempe le liége dans des substances grasses, pour qu'il n'absorbe pas l'humidité ; on le recouvre de résine, pour empêcher les liqueurs de s'évaporer à travers.

28.

TRUFFE, tubercule fongueux, informe, surface rude, gercée, comme chagrinée ; elle est cassante, charnue, odorante, noire en dehors et en dedans, quelquefois marbrée. Elle croît sous terre sans racine, ni tige, ni feuille qui l'accompagnent, parvient jusqu'à 4 pouces de diamètre ; les cochons en sont friands, aident à la découvrir ; on dresse aussi des chiens à cette recherche. On la trouve près des chénes du côté du nord à peu de profondeur, quelquefois au pied du charme. La terre au-dessus est stérile ; on y remarque des insectes volans.

28.

On ignore encore la manière de la reproduire. La nature la multiplie principalement dans le département de la Dordogne. Elle se conserve dans l'huile, ou séchée en poudre. On la mange cuite, assaisonnée ; elle parfume les viandes. On en trouve une variété blanche dans plusieurs départemens et dans le Nord.

29.

OLIVE, fruit à noyau de l'olivier, petit arbre originaire du sud de l'Europe, sauvage, cultivé dans les départemens méridionaux de la France ; il craint le froid. On assure que ce fruit, quelle que soit sa grosseur, présente, dans la même espèce, le même rapport de volume entre le noyau et la pulpe. L'olive cueillie avant son entière maturité, est lessivée pour lui ôter son amertume ; elle se conserve, se transporte, et se mange confite au sel ; mûre, se mange fraîche, assaisonnée. Cueillie à la main à son point de maturité, on la réduit en pâte sous la meule : cette pâte mise dans des sacs de jonc, donne sous la presse une première huile appelée *vierge*. Une seconde pression donne une huile moins parfaite. Le marc détrempé à l'eau

29.

bouillante, et pressuré de nouveau, donne une huile grossière employée pour le savon. L'huile pure se fige facilement : au milieu d'une masse figée, il reste toujours une petite partie fluide très-pure, préférée pour les usages de l'horlogerie. L'huile mise dans des tonneaux dépose sa lie ; pour la conserver, on la soutire plusieurs fois. Le marc, appelé *grignon*, fait de bonnes couches de jardin ; il s'échauffe et conserve sa chaleur près de deux ans ; il sert de chauffage.

Plusieurs variétés ; la plus estimée pour l'huile fine, est celle nommée *aglandou* ; pour manger confite, la *laurine*. L'olive cueillie dans des terrains graveleux, fournit moins d'huile, mais elle est plus délicate.

30.

PELLE, outil très-varié dans ses formes et dimensions, plus ou moins creuse, de bois de hêtre ordinairement, quelquefois recouverte de tôle à son extrémité ; sert à différens travaux ruraux et domestiques, à remuer la terre, la pierraille ; on en durcit le bois par le feu. La pelle en fer à manche de bois est préférable, dure plusieurs années, fatigue moins l'ouvrier.

NIVÔSE.

NIVÔSE,

Mois de la neige.

T OURBE, fossile combustible, débris
de végétaux passant à l'état bitumineux,
des lieux qui ont été ou sont marécageux.
La tourbe est spongieuse, légère ou compacte, fibreuse ou non; sa couleur est du
brun au noir; s'échauffe entassée à l'air, si
elle est humide, s'y enflamme si elle abonde
en pyrites; exhale en brûlant une mauvaise
odeur qu'elle perd en la réduisant en charbon.

La carbonisation de la tourbe se fait
comme celle du bois, par un feu étouffé,
ou par une distillation en grand dans un
four en brique enfoncé en terre, au-dessous
et autour duquel on pratique des canaux
de circulation où l'on entretient du feu.

Il se dégage de la tourbe, par ce dernier
procédé, de l'eau et une huile ou goudron
contenant de *l'ammoniaque* (alkali volatil).
Lorsque l'opération est finie, on laisse

1. refroidir. La tourbe se trouve réduite du tiers ou de moitié, en un charbon noir sonore, dont on se sert dans plusieurs ateliers ; l'usage doit en être encouragé.

La tourbe compacte est la plus propre à réduire en charbon ; la légère est susceptible de culture, peut faire un bon engrais pour les terres, et sa cendre pour les prés. Un sol tourbeux pénétré d'eau est ordinairement tremblant.

Les départemens de la République où l'on connaît des tourbières exploitées ou non, sont : Paris, Seine et Oise, Seine inférieure, Oise, Somme, Pas-de-Calais, Aisne, Seine et Marne, Marne, Moselle, Meuse, Meurthe, Isère, Drôme, Mont-Blanc, Jura, Aude, Pyrénées, les Landes, Bec-d'Ambès, Dordogne, Charente inférieure, Deux-Sèvres, Loire inférieure, Indre, Sarthe, Eure. On présume qu'il en existe dans d'autres départemens.

2. *HOUILLE, Charbon de terre*, combustible précieux très-abondant en France, qui se trouve par veines, couches, amas, dans le sein de la terre, à différentes profondeurs. Il est noir, luisant, feuilleté,

quelquefois grenu, friable, compacte ou léger, pur ou terreux, sec ou gras. Il se divise à l'air humide, s'échauffe et quelquefois s'enflamme. Il est employé très-utilement et sans aucun danger, dans un grand nombre d'arts, même dans la boulangerie, en chauffant le four par l'extérieur comme pour la carbonisation de la tourbe. Le plus léger s'allume promptement, dure peu; le plus compacte s'allume difficilement, chauffe mieux, plus long-temps; le charbon gras est celui qui au feu se boursoufle, se colle, fait la voûte, donne une grande chaleur; c'est le meilleur pour souder le fer et rafiner l'acier.

On l'épure, comme on fait le charbon de bois : on le met par petits tas qu'on couvre de terre en y pratiquant des soupiraux. On allume par le bas, et l'on bouche toutes les ouvertures. Il perd de son poids dans cette opération et augmente de volume. On l'épure aussi dans des fours; le menu du charbon de terre gras s'y aglutine, fait des masses, et peut être employé dans les hauts fourneaux, dans les arts métallurgiques et dans les usages domestiques. On pétrit aussi

2.

le menu avec de l'argile, pour faire un chauffage économique.

Le charbon de terre donne, par une distillation en grand, une eau styptique et une huile ou goudron, qu'on peut employer dans la marine et à la préparation des cuirs.

Il se trouve du charbon de terre dans la plupart des départemens de la France. Il alterne avec les couches de grès, de schistes ou de calcaires, dans les montagnes secondaires les plus voisines des montagnes primitives.

3.

BITUME, substance minérale, inflammable, liquide ou solide, d'une odeur forte, désagréable. Il se trouve pur ou mêlé dans le sein de la terre ; s'élève dans les grandes chaleurs du fond des eaux, ou découle de la terre et de quelques rochers qui en sont imprégnés. *Le pétrole, l'asphalte, la poix minérale, le charbon de terre, le jai ou jayet, le succin ou ambre jaune,* sont des bitumes ; on les trouve dans le voisinage des volcans et des sources salées ; le succin se trouve sur le bord de quelques mers.

4.

SOUFRE, substance minérale très-inflammable, jaune, légère, cassante, pure ou combinée, informe ou cristallisée, quelquefois demi-transparente. Le soufre donne en brûlant une vapeur suffocante connue sous le nom d'*acide sulfureux*, dont on se sert pour tuer les animaux malfaisans, en l'introduisant dans leur retraite. Cette vapeur blanchit la laine, la soie, mais les altère ; décolore les fleurs, les étoffes. Fondu, mêlé avec la brique pilée, sert à sceller le fer dans la pierre ; on en fait des allumettes, des mèches pour soufrer les vins ; coloré, il sert à prendre des empreintes ; pulvérisé, il entre pour un huitième dans la poudre à tirer. Une poignée de soufre allumé éteint le feu dans les tuyaux de cheminée en les bouchant dans le haut et sur-tout dans le bas. Chauffé dans des vaisseaux clos, il s'élève, se sublime en fleurs de soufre. On le retire ordinairement des pyrites ; il existe en filon mêlé à du sable, entre Dore-l'Église et Arlan ; on le trouve aussi dans les volcans et dans quelques substances animales et végétales. Le soufre donne l'*acide sulfurique*, connu sous le nom impropre d'*huile de vitriol* ou d'*acide vitriolique*.

F 3

5.

CHIEN, quadrupède de forme, de grandeur, de couleur, de caractère différens ; sauvage, domestique. Ses variétés sont, oreilles droites ou pendantes, tête ronde ou alongée, lèvres pendantes, dos relevé, jambes torses, poil ras, long, frisé, sans poil. Le chien a l'odorat fin, boit en lapant, mange avidement, quelquefois par jalousie, guérit ses plaies en les léchant, a le sommeil léger, aboie, hurle, met de l'accent dans sa voix pour exprimer sa joie, sa douleur, sa crainte, sa vigilance, sa colère, sa victoire ou sa défaite. Il perd la voix dans quelques pays chauds. Dans sa course, la ligne de son corps est oblique à la direction de sa route. C'est le plus intelligent des animaux domestiques ; il est susceptible de bonne, de mauvaise éducation ; maltraité, tenu à la chaîne, il devient rampant, craintif, vindicatif, méchant, traître ; la liberté, les bons traitemens le rendent gai, caressant, fidèle, docile, patient, courageux. Ami de l'homme, il le suit, voyage, se repose, vit en société avec lui, partage ses dangers, le défend, rassemble, garde, conduit ses troupeaux,

veille sur ce qui lui appartient, vient
mettre à ses pieds la proie qu'il a poursuivie
dans les champs, les bois. S'il perd l'odorat
en suivant une piste, on le lui rend en
lui mouillant le nez. Il sert à tirer des
fardeaux, à mouvoir quelques machines.
Sa femelle porte soixante-trois jours, de
quatre à huit petits ; il vit vingt ans. La
laine du barbet, la soie de l'épagneul sont
employées ; sa peau est très-recherchée ;
on mange sa chair dans quelques pays ;
on lui trouve la saveur de celle du mouton.
Dans les îles de la mer du Sud, on nourrit
les chiens de végétaux ; ils sont stupides,
hébétés.

Lave, matière provenant des terres,
des pierres calcinées, fondues dans les
entrailles des volcans, et qui en est sortie
comme un torrent de feu ; ardente, elle est
fluide, molle ou pulvérulente ; refroidie,
elle est en masse informe ou régulière,
en boules, en tables, en prismes ou basaltes,
à 3, 4, 5, jusqu'à 9 faces. La lave est
légère, poreuse ou compacte, tendre ou
dure ; ses couleurs varient ; les plus ordinaires sont entre le gris et le noir ; il y

6. en a de blanches. Elle étincelle au briquet,
est excellente dans la construction, durcit
à l'air; on en fait des meules de moulin.
Les scories volcaniques, le gravier ou la
pozzolane sont recherchés pour faire des
voûtes solides, légères; pour les travaux sous l'eau, et tout ce qui demande
un bon ciment. La lave se vitrifie aisément;
on en fait des bouteilles d'un verre
noir, léger, qui quelquefois est attaquable
aux acides.

7. *TERRE VÉGÉTALE*, ou terre propre
à recevoir les semences des plantes, à en
favoriser la végétation. Elle est composée
de terres calcaire, argileuse, sablonneuse,
et des produits de la décomposition des
végétaux, des animaux, de manière à ne
paraître former qu'une terre homogène.
Elle est légère ou forte, meuble ou serrée, sèche ou fraîche, grasse, profonde,
suivant la proportion, la nature des
substances qui la composent, l'intimité,
la profondeur du mélange. Elle prend le
nom de la substance qui y domine. La
meilleure terre végétale est douce, fine,
facile à diviser; s'imprègne aisément

d'humidité ; la retient au degré le plus convenable pour une bonne végétation, et durcit difficilement. Les terres inférieures en qualité peuvent être amendées par le mélange d'autres terres ou de marnes argileuses, sablonneuses ou calcaires, choisies pour leur fournir ce qui leur manque : on emploie aussi le fumier.

FUMIER, Engrais, végétaux en décomposition imprégnés d'excrémens d'animaux. Les dépouilles des animaux et des végétaux mêlés ou non, en décomposition, sont aussi du fumier. Il donne de la chaleur, se rembrunit, et finit par se convertir en terreau. Il est plus ou moins humide, chaud, gras ; sa quantité, sa qualité doivent être déterminées par la nature des terres auxquelles on le destine. Le fumier de vache est préférable pour les terres maigres, légères ; celui de cheval pour les terres fortes. Le fumier fait des couches pour les jardins ; sa chaleur le rend propre à l'incubation des œufs ; les terres servant d'engrais sont d'un effet plus durable ; le fumier d'un effet plus prompt.

SALPÊTRE, Nitre, Nitrate de potasse,

substance d'une saveur salée, fraîche, amère.
Mis sur le feu dans un vase, le nitre fond;
s'il touche à un charbon allumé, il fuse, se
consume rapidement ainsi que le charbon,
en produisant une flamme brillante. Pulvérisé, il entre pour les trois-quarts dans la
poudre à tirer qui lui doit tout son effet. Il
est utile dans plusieurs arts : distillé seul, il
fournit un air très-pur, *(air vital, air
oxigène)*; distillé avec *l'acide sulfurique*
ou de l'argile, il donne l'acide nitrique
(*l'eau forte*); mêlé en petite quantité avec
le soufre, il en détermine la combustion,
pour obtenir *l'acide sulfurique* (huile de
vitriol, acide vitriolique).

On trouve le salpêtre sur les vieux murs,
(nitre de houssage) dans les terres de démolition ; dans celles qui sont imprégnées de
substances animales, végétales et exposées à
l'action lente de l'air ; dans les étables, écu-
ries, caves, celliers ; dans les creux, la croûte
de quelques roches calcaires, poreuses, sur
une épaisseur d'un pouce environ ; dans des
terres végétales et quelques plantes.

On fait des nitrières artificielles en ras-
semblant des terres de démolition, et celles
qui ont déjà été lavées, sous des hangars de

manière à les rendre très-perméables à l'air, aux vapeurs des substances animales, végétales qu'on y mêle ou dont on les arrose.

On reconnaît une terre salpêtrée en la goûtant, ou en l'éprouvant au feu.

Pour l'en retirer, on rassemble la terre dans des tonneaux ; on y fait passer de l'eau à plusieurs reprises pour dissoudre le salpêtre qui peut s'y trouver. Cette eau bien chargée, ce que fait connaître l'aréomètre, est mise à évaporer sur le feu ; on y met du salin ou potasse retiré des cendres de végétaux ; on fait cristalliser dans un lieu frais et l'on obtient le salpêtre brut qu'on purifie ensuite.

FLÉAU, instrument destiné à séparer par le battage, les semences de leur paille. Il est composé de deux bâtons inégaux, unis par un anneau flexible de cuir gras, ou de peau d'anguille qui est préférable. L'un des bâtons, plus court, plus gros, doit être de bois dur, pesant (cormier) c'est la *masse* ou *verge* ; l'autre plus long fait le manche qui doit être d'un bois léger (sapin, sureau). La mécanique offre ses ressources pour séparer le grain de sa paille, et l'obtenir très-net, avec économie de force et de temps. On emploie encore

10.   dans le midi les pieds des animaux; cette méthode est la plus mauvaise de toutes.

11.   *GRANIT*, roche formée d'une agrégation de *quartz*, de *feld-spath*, de *mica*, quelquefois de *schorl*, de *grenat*, mêlés confusément, unis sans aucun intermédiaire. Il est dur ou friable, gris, bleuâtre, rouge, jaune ou vert; étincelle au briquet; fait la base, le noyau, le sommet des plus hautes montagnes (1); est disposé en plusieurs endroits par bancs inclinés plus épais dans leur partie inférieure.

Le granit s'échauffe beaucoup au soleil, se divise par rhomboïdes, se délite et tombe en sable par l'action alternative de l'air chaud, humide, froid. Il contribue en s'échauffant à la fonte des glaces dans les hautes montagnes, aux avalanches, à la formation des fentes dans les glaciers et à leur mouvement.

Les variétés les plus solides prennent bien le poli, servent dans les constructions; on en fait des vases, piédestaux, colonnes, meules de moulins. Le granit composé de

____

(1) Il fait la *limite* des grandes divisions du globe par bassins. GRANITS, en langue sclavone, signifie *limite*, *frontière*.

quartz et de feld-spath passant à l'état de
kaolin, peut, sans autre mélange, faire
de la porcelaine.

ARGILE, Glaise, Terre grasse, pure
ou mêlée, blanche, grise, bleue, verte,
jaune, rouge ou noire. Elle est douce au
toucher; sèche, se polit sous le doigt,
hape ou s'attache à la langue, ne fait point
effervescence avec les acides, n'étincelle
point sous le briquet, est imperméable à
l'eau; détrempée, corroyée, devient ductile,
prend toutes les formes; sur le tour du
potier se façonne en vases, en ustenciles de
ménage; sous la main du sculpteur, elle
reçoit la première expression du génie.
L'argile éprouve au feu une retraite graduée, s'y durcit au point d'étinceler au
briquet, ne s'y fend pas si elle est pure,
ne s'y convertit point en verre : celle qui
s'y décolore est estimée. L'argile se trouve
par lits dans la terre à différentes profondeurs, sert à arrêter les eaux souterraines,
à en diriger l'écoulement. On enduit d'argile battue les réservoirs, les bassins pour
y retenir l'eau; elle tient lieu de mortier
dans les fours; pure, on en fait les pipes à

12.

fumer, les creusets, les pots de verrerie qui doivent résister à un grand feu. Plus ou moins mêlée, elle fait la poterie commune de grès, la faïence, les carreaux, briques, tuiles. Une argile blanche, sous le nom de *kaolin*, due à la décomposition du quartz, du feld-spath, entre dans la porcelaine. L'argile sert dans les fouleries de draps, les raffineries de sucre, la distillation de l'eau-forte, la purification de la crême de tartre, du muriate d'ammoniac ou (sel ammoniac). Les terres à foulon ou à dégraisser, les terres sigillées, les bols, sont des argiles. Les laves, une portion des granits et d'autres pierres, se convertissent à l'air en argile.

13.

ARDOISE, schiste ou pierre feuilletée, argileuse, magnésienne, d'un bleu noirâtre, plus ou moins dure, poreuse, fine, légère; se trouve par lits à différentes profondeurs, varie dans son poids en prenant l'humidité de l'air ou la lui rendant. Certaine espèce peut servir d'*hygromètre*. La meilleure, pour les usages domestiques, est sonore et non perméable à l'eau. On en couvre les maisons; on en fait des cadrans, des tables pour écrire, compter, dessiner, démontrer ; elle sert à repasser quelques outils , se rembrunit à l'air , s'échauffe au soleil. L'ardoise contient beaucoup de *magnésie* , et souvent des pyrites. On l'exploite jusqu'à 1800 pieds , par galeries inclinées , quelquefois à ciel ouvert.

13.

GRÈS , pierre tendre ou dure , poreuse ou compacte , formée de grains de sable plus ou moins fins , adhérens entr'eux. Le grès est blanc , gris, rouge , brun ou de couleur mêlée. Il étincelle sous le briquet s'il est assez dur ; résiste au feu s'il est pur , est alors employé dans les grands fourneaux de métallurgie, de verrerie, de porcelaine ; pénétré de substance calcaire , il est attaqué par les acides ; exposé au feu, s'y réduit en sable. Tous les grès se pénètrent d'eau , quelques-uns en retiennent jusqu'à un dixième de leur poids. Le grès sert à paver les chemins, à construire dans les lieux exposés à l'eau ; on en fait des meules pour émoudre les canons de fusil, affiler les armes blanches, les outils. Le grès du levant est recherché pour repasser les instrumens délicats. On filtre les eaux dans des grès poreux.

14.

15. *LAPIN*, quadrupède sauvage, domestique ; poil court, blanc, gris, roux ou noir ; celui d'Angora a le poil long, soyeux. Le lapin frappe la terre de ses longs pieds de derrière au moment du danger, pour avertir sa bande. Il craint l'humidité ; se creuse des terriers ; fait beaucoup de dégâts dans les champs, les jardins ; endommage les arbres. La femelle porte trente jours de quatre à douze petits, les soigne en bonne mère, les cache au mâle qui les cherche pour les détruire. Le poil du lapin sert dans la chapellerie ; celui de l'Angora fait des tissus légers, chauds : la peau de lapin fait des fourrures ; sa chair se mange, devient plus délicate par la castration, est meilleure dans les lieux secs, montueux. On devrait détruire le lapin sauvage qui dévaste tout, et multiplier le domestique qu'on nourrit aisément.

16. *SILEX*, pierre quartzeuse, dure, qui varie en couleur, transparence, dureté, finesse de grain ; il étincelle sous le briquet, entame le verre, est inattaquable aux acides. La substance du silex pénètre par des filtrations dans les bois, et les pétrifie ; dans les terres,

les

les pierres poreuses, et les durcit. Les | 16.
pierres à fusil sont des silex qui se trouvent en rognons dans les bancs calcaires.
Celles de *Meusnes* et *Couffi* sur le Cher sont
les plus estimées.

MARNE, terre plus ou moins dure, | 17.
blanche ou colorée, composée de terre calcaire, d'argile, de sable en différentes pro-
portions : on la distingue par celle de ces
substances qui y domine : son effervescence avec les acides, le vinaigre, la fait distinguer de l'argile pure. On l'emploie très-
utilement comme engrais, suivant sa nature, pour donner à chaque terre la partie
qui lui manque pour devenir une bonne
terre végétale. Son effet est lent, mais durable ; la meilleure est celle qui s'humecte le
plus à l'air, se divise le mieux ; elle se
trouve par couches dans le sein de la terre.
Sa grande utilité la fait rechercher jusqu'à
cent pieds de profondeur.

PIERRE À CHAUX, *pierre à bâtir*, | 18.
Carbonate calcaire, plus ou moins dure, fine,
pure, disposée par bancs près la surface de
la terre ; elle forme des montagnes entières,

G

18.

est souvent mêlée de débris de coquilles, de corps marins. Elle fait effervescence aux acides ; fait très - rarement & difficilement feu au briquet ; durcit à l'air, quelquefois s'y délite, sur-tout si on ne lui donne pas, dans la construction, la même affiette qu'elle avait dans la carrière ; peut quelquefois se polir ; se calcine au feu, devient *chaux vive* qui s'échauffe à l'air humide, éclate, se réduit en poudre, c'est alors la *chaux éteinte* à l'air. La chaux vive, non humectée, dessèche les corps des animaux, les réduit à l'état de momie; humectée, elle les diffout, les consume, enflamme les matières combustibles : elle fuse, décrépite dans l'eau, l'absorbe abondamment, s'y *éteint*, se réduit en pâte : c'est le blanc des architectes, dont on fait un bon enduit. Unie au sable, elle fait le *mortier* ; à la brique pilée, au mâchefer, à la pozzolane, fait un bon ciment. La chaux vive sert au chaulage des grains, à la préparation des cuirs. La pierre calcaire crue, réduite en poudre, ou calcinée et éteinte à l'air, sert d'engrais pour les terres argileuses ; choisie, elle sert au sculpteur, à l'architecte. Toutes les pierres calcaires se pénètrent d'eau, quelques-unes en prennent le 6.e, le 5.e et même le quart de leur poids.

18.

MARBRE, pierre calcaire à gros à petits grains lamelleux ou à facettes, plus ou moins dur, susceptible d'un beau poli, froid au toucher, blanc, gris, jaune, vert, rouge, noir ou de couleur mêlée, dont on compte environ 60 variétés.

19.

Les plus beaux marbres sont l'africain, la brocatelle, le cipolin, le statuaire. Les montagnes de la République renferment de beaux marbres dont l'exploitation doit être encouragée. Le marbre fait effervescence avec les acides, ne fait pas feu au briquet, est souvent mêlé de substances hétérogènes. Lorsqu'il est pur, il peut faire de bonne chaux.

VAN, instrument d'osier, en forme de coquille ovale, à deux anses ; servant à nettoyer les grains après le battage. Ses dimensions varient ; le plus grand a trois pieds dans son plus grand diamètre ; il doit être peu concave pour les graines légères.

20.

PIERRE À PLÂTRE, Gypse, Sélénite, Sulfate de chaux. Le gypse est pur ou

21.

terreux, en masse informe ou cristallisé ;
se trouve par bancs dans le sein de la terre
à différentes profondeurs, forme des montagnes entières, est souvent accompagné
de sources salées ; est un peu soluble dans
l'eau, la rend fade, mal saine, peu propre à
dissoudre le savon, à cuire les légumes ; employée aux arrosemens, elle nuit aux arbres en
encroûtant leurs racines. Le gypse en poudre,
répandu à l'approche de la pluie sur les prairies, détruit les mousses, les lichens, favo-
rise la végétation ; en temps sec il nuit.

Le gypse, s'il est mêlé de terre calcaire,
calciné, réduit en poudre, délayé, gâché,
absorbe beaucoup d'eau, prend de la solidité, se gonfle, est employé dans la bâtisse
sous le nom de *plâtre :* si le gypse est trop
pur, on y mêle de la pierre à chaux. Le
gypse choisi, cristallisé, est improprement
appelé *faux talc ;* il sert aux mouleurs. Les
lieux nouvellement enduits de plâtre sont
mal-sains, doivent être aérés, séchés avant
d'être habités.

*S E L M A R I N , Sel commun , Muriate
de soude ,* le plus abondant, le plus utile
des sels ; se trouve dans les eaux de toutes

les mers, dans des puits, des sources, des
lacs salés ; dans le sein de la terre, mêlé
ou pur (sel gemme). On le tire des eaux
de la mer par l'évaporation naturelle, *marais
salans* ; des eaux intérieures par l'évaporation artificielle, *bâtimens de graduation,
chaudières.* Les procédés qu'on suit sont
très-imparfaits, et consomment beaucoup
de bois. Les grands froids en augmentant
l'évaporation, en congelant l'eau, peuvent
servir à concentrer le sel dans l'eau restante,
et même à le faire cristalliser. Le sel de
mer est préférable pour les alimens, les
salaisons ; le sel marin est très-utile aux
bestiaux ; mêlé avec de l'alun, peut servir
dans les dissections pour la conservation
des objets d'anatomie ; est employé dans
la métallurgie, verrerie, faïencerie. Il
s'humecte à l'air s'il est formé d'une terre
calcaire ; se conserve sec s'il est formé de
soude pure. Par la distillation avec de l'argile, on en retire l'acide muriatique. On
peut retirer en grand la soude du sel marin.

FER, Acier, le plus solide, le plus dur,
le plus élastique, le plus abondant et le
plus utile des métaux pour tous les arts

qui nourrissent, vêtissent, abritent, pourvoient de l'instrument du travail, défendent et arment les enfans de la liberté.

Attirable à l'aimant, il s'aimante lui-même et devient le guide, la boussole des voyageurs sur mer, sur terre. L'acier est préférable au fer pour cet usage.

Exposé à l'action combinée du feu et de la vapeur de l'eau, il augmente de poids, se cristallise et fournit un fluide élastique, inflammable, léger, qui dans l'aréostat élève, soutient l'homme dans l'atmosphère, et devient un nouvel instrument pour le génie. L'acide sulphurique sur le fer produit le même fluide.

Au feu le fer brûle, augmente de poids, devient terreux, rouge ; c'est l'*oxide* (ou chaux) de fer. Les parcelles de fer détachées du briquet par le choc du caillou, fondent en petits globules et s'enflamment.

L'action alternative de l'air, de l'eau, le convertit en rouille ou ocre jaune, rouge, verte.

Le fer en mine se trouve en différens états dans la terre, à diverses profondeurs. La mine extraite, triée, cassée, lavée et quelquefois grillée, est ensuite mêlée avec de la castine (1) et du charbon de bois, dans des fourneaux de 8 à 10 mètres (2) de hauteur, animés par des soufflets.

La mine fond, coule dans l'*ouvrage* ou creuset. Le fer fondu se sépare du *laitier*, (3) est reçu dans des moules de terre ou de sable pour faire des vases, des tuyaux, des canons, &c. ou dans des sillons creusés dans le sable pour obtenir la fonte en saumons ou *gueuses*.

Trop peu de charbon dans les hauts fourneaux, rend la fonte blanche, cassante, plus pesante ; le charbon mis dans une juste proportion, la rend grise, douce, tenace ; trop de charbon la rend noire, spongieuse. La disette de bois a fait employer quelquefois le charbon de terre épuré.

La fonte chauffée, ramollie au feu de charbon de bois, en petites masses ou *loupes*, affinée, forgée sous des marteaux de 4 à 500 livres, prend du nerf, est tirée en barre.

---

(1) Espèce de fondant calcaire ou argileux suivant la nature de la mine.

(2) 24 à 30 pieds.

(3) Castine, matières terreuses vitrifiées.

La meilleure fonte est refondue au four-
neau à réverbère pour être coulée en canons ;

Ou affinée, forgée, étendue en tôle qui
étamée donne le fer blanc ;

Ou tirée en fil d'archal de diverses
grosseurs ;

Ou convertie en acier comme il suit :

La fonte grise coulée en petites plaques
est chauffée, ramollie au feu de charbon de
bois, bien recouverte de poussier, se pénètre
de *carbonne*, est épurée à l'aide d'un sable
fondant, est forgée sous le martinet ; tirée
en barres qu'on jette à l'eau encore chaudes ;
c'est *l'acier naturel* brut.

Cet acier cassé, trié, assorti dans ses
différentes qualités, mis en trousse, chauffé
au charbon de terre, à son défaut, au
charbon de bois, est corroyé, forgé, raffiné.

Il se soude bien avec le fer, s'égrène
peu, soutient le recuit. Le meilleur a le
grain égal.

Du bon fer en barreaux long-temps et
fortement chauffé dans du poussier de
charbon de bois, se carbonne davantage,
se boursoufle, devient l'*acier de cémentation*
(acier poule), propre à faire des platines,
des ressorts, des armes blanches ; il se
soude difficilement avec le fer.

23.

Ces deux aciers fondus de nouveau au milieu du charbon, donnent l'*acier fondu* le plus dur, le plus propre à prendre un beau poli; il ne se soude point avec le fer.

On distingue le fer de l'acier à l'aide de l'eau forte affaiblie : une goutte sur le fer, laisse une tache blanche, sur l'acier une tache plus ou moins noire suivant qu'il abonde en carbonne.

Le fer et l'acier en fils, en baguettes unis, tordus, forgés ensemble, forment le *damas* qui, passé à l'eau forte, offre à sa surface des ondes blanches, noires.

L'acier prend à un feu gradué différentes couleurs.

La France est riche en fer; tous les fers travaillés convenablement sont susceptibles de devenir acier; nous pouvons, nous devons nous passer de nos voisins pour cet objet.

Un fil d'archal d'un dixième de pouce de diamètre porte 450 livres avant de rompre.

Le bleu de Prusse, le sulfate de fer ou couperose verte sont des combinaisons du fer, employés dans les arts.

On trouve du fer dans les végétaux, dans les animaux.

CUIVRE-ROUGE, Cuivre rosette métal d'une odeur, d'une saveur désagréables; plus ductile, moins dur, moins solide, plus fusible que le fer; très-malléable, s'écrouit ou durcit sous le marteau, devient plus sonore; se recuit et perd de sa dureté; est attaquable aux acides, aux corps huileux; à l'air, il perd son éclat, sa couleur, prend une teinte rembrunie, verdâtre, luisante, appelée *patine*; laminé, battu, sert au graveur, au chaudronnier; il est dangereux pour la préparation des alimens, se change en vert-de-gris, qui est un poison; il est employé pour le doublage des vaisseaux; étamé ou recouvert d'une feuille d'argent, il est moins dangereux; filé, il prend de la force; un fil d'un dixième de pouce de diamètre porte 299 livres avant de rompre; au feu, le cuivre brûle, augmente de poids, devient fragile, terreux, brunâtre; c'est l'oxide ou chaux de cuivre employé dans les émaux. Le cuivre rosette allié au *zinc*, devient le *laiton* ou cuivre jaune, le *similor*, l'*or de Manheim*; à l'arsenic, devient blanc, dur, cassant; allié au zinc, à l'étain, fait l'*airain*, le *bronze*, la matière des canons, mortiers, médailles, statues. Dans plusieurs départemens de la France, on le trouve à différentes profondeurs, pur ou vierge, en mines ou combiné diversement, informe ou cristallisé. Il n'y a qu'une seule mine exploitée utilement; il pourrait y en avoir plusieurs.

CHAT, quadrupède, sauvage, domestique; poil doux, court, blanc, gris, roux, noir ou de couleur mêlée. Il retire ses griffes dans leur gaîne, ou les sort à volonté. Il voit peu le jour, mieux la nuit; ses yeux ont alors l'éclat du feu; frotté sur le dos dans l'obscurité, donne des étincelles. Il miaule, met de l'accent dans sa voix pour exprimer ses affections; aime la rapine; fait la chasse aux oiseaux, levreaux, lapereaux, mulots, taupes, souris, chauvesouris, rats, crapaux, grenouilles, lézards, serpens, poissons, et autres animaux; est patient, rusé, se tapit, feint de dormir pour mieux les surprendre; se sert adroitement de ses pattes pour saisir sa proie, jouer avec elle, se défendre, frapper, atteindre ce qu'il desire. Il mange lentement, boit peu et en lapant. Ses excrémens sont corrosifs; il les couvre soi-

25. gneusement ; il aime les parfums, les plantes
très-odorantes, sur-tout le *marum*, la *valé-*
riane, la *cataire*; les fait périr en se roulant
dessus. Il est propre, adroit, souple, léger,
curieux, jaloux, bruyant dans ses amours,
hardi, ami de l'indépendance ; s'irrite,
devient furieux contre ceux qui veulent le
contraindre ; aime la campagne, les bois ;
a une tendance à redevenir sauvage ; il peut
être long-temps sans manger. La femelle
porte cinquante-six jours jusqu'à six petits,
les cache pour que le mâle ne les dévore
point. Le chat vit dix à douze ans ; sa
peau fait des fourrures ; son poil sert dans
la chapellerie. Celui du chat d'Angora est
long, soyeux, blanc, noir, roux, fait des
tricots légers, chauds. La chair du chat
se mange.

26. *ÉTAIN* métal gris-blanc, odeur, saveur
qui lui sont propres ; fait entendre un cri lorsqu'on le ploie ; il est très-fusible, moins dur,
moins solide que le cuivre, moins ductile que
le fer, peu malléable ; acquiert de la dureté,
de la sonorité en le chauffant sans le fondre,
dans la poussière de charbon, et l'y laissant
refroidir ; un fil d'un dixième de pouce de

diamètre porte 49 livres avant de rompre. L'étain est attaquable à quelques acides ; ne s'altère point à l'air ; fond au feu, s'y ternit à sa surface ; remué souvent, se change en poudre grise, ou oxide d'étain, qui augmente de poids ; c'est la *potée* que les fondeurs fripons enlèvent, comme *crasse*, avec la cendre ; mêlée avec du suif, du charbon en poudre, cette crasse redevient au feu de l'étain coulant, brillant. On empêche cette altération en le couvrant de cendre pendant qu'il est en fonte ; pur, il est sain et utile pour les usages domestiques ; sert à étamer le cuivre, le fer ; en feuilles minces, il s'applique, à l'aide du mercure, sur le verre, pour faire les *miroirs*. La potée sert à polir, fait l'émail blanc de la faïence, des cadrans de montres. L'étain s'allie au plomb, et en prend les qualités inférieures ; au cuivre qui en devient plus dur ; au fer en copeaux qui en devient plus fusible ; le fer alors lui communique de sa dureté. Il sert dans la teinture pour aviver les couleurs ; mêlé au plomb pour faire les soudures communes. La province de Cornouailles, en Angleterre, est riche en mines d'étain. On pour-

26. rait peut-être en trouver en France dans les départemens du Finistère, des Côtes-du-Nord ou de la Manche.

27. *PLOMB*, métal gris-bleuâtre, odeur, saveur marquées ; moins solide, moins dur, moins ductile, moins fusible que l'étain, il est attaquable aux acides ; avec le vinaigre, fait la céruse ; se dissout dans le vin, en adoucit l'âpreté, et le rend un poison ; on ne peut l'y découvrir sûrement que par l'évaporation. Il noircit à l'air, y résiste ; au feu se change par l'action de l'air en une poudre grise, jaune ou *massicot*, rouge ou *minium*, en verre ou *litharge* qu'on emploie imprudemment pour vernisser la poterie commune ; cette poudre ou oxide de plomb, augmente de poids, se volatilise au feu ; ses vapeurs s'attachent aux pâturages, aux plantes, aux fruits, à l'eau, et les rendent nuisibles et mortels, si on ne porte pas de prompts secours. Le plomb coulé en tables, laminé, sert à faire des tuyaux, des couvertures, des bassins ; granulé, mis en balle, sert à la chasse, au combat. Un fil d'un dixième de pouce de diamètre porte 29 livres avant de rompre. On l'emploie

dans quelques injections anatomiques ; on | 27.
en fait des empreintes, des bas - reliefs,
des statues ; fondu avec des métaux qui
contiennent de l'argent, il l'entraîne avec
lui ; mêlé à l'étain, le rend mal sain. Les
mines de plomb sont abondantes en France,
contiennent toutes de l'argent, deux, trois
jusqu'à quinze onces par quintal.

ZINC, substance métallique, d'un blanc | 28.
bleuâtre, peu malléable, peut cependant se
laminer, est moins fusible que le plomb,
attaquable aux acides, noircit à l'air, y
résiste, donne au feu une belle flamme,
augmente de poids, s'y convertit en une
fleur blanche légère ; c'est l'oxide employé
avec succès par les peintres ; il ne jaunit
point à l'air comme le blanc de céruse. Il
s'allie au cuivre rosette, qui devient laiton ;
entre dans la matière des canons, peut être
substitué à l'étain pour étamer les ustensiles
de fer et de cuivre. Ses mines sont abondantes, mais on ne l'en retire point en
France à l'état de métal.

MERCURE, Vif-argent, métal fluide, | 29.
d'un blanc brillant ; il devient solide,

29.

malléable à un froid de 32 degrés ; il est attaquable aux acides, non altérable à l'air ; on en fait les thermomètres, les baromètres ; agité dans un baromètre bien fait, le mercure dans l'obscurité, jette de la lumière. Il s'allie à presque tous les métaux, sert à appliquer l'étain sur les glaces ; l'or, l'argent sur le cuivre ; à séparer de leurs mines l'or, l'argent ; se volatilise à une petite chaleur ; dans les lieux fermés, ses vapeurs son dangereuses. Le cinabre est la mine qui donne le mercure le plus pur. Le cinabre naturel ou artificiel est employé dans les arts.

30.

CRIBLE. On donne ce nom à quatre instrumens différens, tous destinés à nettoyer les grains.

1.° *Crible simple,* formé d'un cerceau portant un fond de peau de cheval, d'âne ou de cochon ; percé de trous ronds, longs ou entremêlés, plus ou moins grands ; on le meut à la main, sur deux bâtons, ou suspendu.

2.° *Crible à plan incliné.* Une trémie verse le grain par nappe sur un plan incliné, fait de fil-d'archal, disposé parallèlement dans

le

le sens de la largeur. Le bon grain roule dessus, se rend au bas ; la poussière, le menu grain passent au travers, tombent sur une peau placée au-dessous.

3.º *Crible cylindrique.* Le grain passe d'une trémie dans un cylindre incliné en forme de bluteau, formé alternativement de feuilles de fer-blanc percées comme une rape, et de fil-d'archal. On le meut par une manivelle ; ses rapes nettoyent la peau du grain ; les parties en fil-d'archal laissent passer la poussière, le menu grain.

4.º *Crible à vent, Tarare.* Un axe portant huit ailes renfermées dans un tambour circulaire ouvert à son centre, est mis en mouvement par une manivelle, une roue dentée, et un pignon, pour déterminer un courant d'air. Le grain mis dans une trémie qui est au-dessus, passe sur un premier crible presque horizontal, de fil-d'archal, qui reçoit de la roue un trémoussement par l'effet d'un *va-et-vient.* La paille coule sur ce premier crible ; le grain passe au travers, rencontre en tombant le courant d'air qui chasse la balle, les grains légers, la poussière hors de la machine. Le surplus tombe et coule sur un crible inférieur,

H

en mailles de fer, incliné en sens contraire du premier : le menu, le mauvais grain, la terre que le vent n'a pu emporter, passent au travers, le bon grain roule dessus, se rend au bas. On change le premier crible, suivant la nature du grain, auquel on approprie la grandeur des mailles.

Le crible à vent nettoie, rafraîchit, dessèche le grain ; il est préférable aux autres.

PLUVIÔSE,

Mois des Pluies.

*L*AURÉOLE, arbuste toujours vert, improprement appelé *mâle*, originaire des bois;
feuillage d'une couleur agréable, fleur verdâtre qui dure une partie de l'hiver; ses
baies en mûrissant sont noires, son écorce
est souple, solide; toutes les parties de
cet arbuste sont caustiques; il aime l'ombre,
est cultivé dans les jardins.

1.

MOUSSE. Sous ce nom on comprend
beaucoup de plantes de genres, d'espèces
différens, dont les fleurs sont très-peu visibles. Les mousses sont très-petites, vivaces,
toujours vertes, rampantes; leurs tiges sont
déliées, flexibles, feuillées. La nature tend
par-tout à couvrir de mousse la nudité et la
dégradation des corps. Elles croissent sur la
terre dont elles augmentent la quantité en se
détruisant; sur les rochers qu'elles divisent,
rendent fertiles; sur les vieux murs qu'elles

2.

2.

dégradent ; sur les arbres , à la végétation desquels elles nuisent ; dans les réservoirs dont elles purifient l'eau , tant qu'elles végètent ; dans les marécages dont elles élèvent le fond peu-à-peu , en se réduisant en terreau. Elles nuisent aux prairies, qu'on peut en purger par la cendre , la chaux éteinte à l'air, la herse à pointes de fer. La mousse à massue ou *lycopode* répand dans sa maturité une poussière abondante, jaune, très-inflammable ; c'est le soufre végétal employé dans les spectacles , dans les feux d'artifice. La mousse sert dans la construction des cabanes , et à calfater ; on l'emploie au transport des plantes ; elle peut remplacer la bourre , le crin dans les meubles ; la paille dans les lits , les fruitiers. Elle conserve l'humidité de la terre, abrite les semis contre le soleil , le froid, les grandes pluies ; sert à caler sous l'eau les pierres des digues ; nourrit quelques animaux dans le Nord.

3.

FRAGON , vulgairement *Petit houx ,* plante vivace , ligneuse , toujours verte ; originaire des bois ; feuilles piquantes , fleurs sortant des feuilles , fruit d'un beau rouge : on mange ses jeunes pousses , comme

les asperges ; on fait des balais de ses | 3.
branches.

PERCE-NEIGE, petite plante vivace, | 4.
liliacée, bulbeuse ; son nom lui vient de la
précocité de ses fleurs ; variété à fleurs doubles ; cultivée dans les jardins.

TAUREAU, quadrupède, ruminant, à | 5.
pied fourchu, le mâle de la vache, principalement destiné à la propagation de l'espèce. Un bon taureau a l'œil noir, le regard
fier, le front ouvert, la tête courte, les
cornes grosses et noires, les oreilles longues, velues, le mufle grand, le nez court,
le cou charnu, les épaules larges, le dos
droit, les jambes grosses, la queue longue,
l'alure ferme, le poil roux ; son mugisse-
ment est grave, sourd, prolongé, lugubre,
plus fort que celui du bœuf. Il est indomp-
table, furieux dans le rut ; la couleur rouge
l'irrite ; la castration dompte son caractère,
lui ôte de son courage sans diminuer sa
force, le soumet au joug ; il travaille alors
en esclave et s'engraisse : sa chair est inférieure à celle du bœuf ; plus la castration
du taureau est tardive, moins sa chair est

5. bonne, et moins il perd de ses mœurs ; on le dompte aussi en lui supprimant les cornes.

6. *LAURIER-THYM*, espèce de viorne, arbuste toujours vert du midi de la France, cultivé dans les jardins. Il craint les grands froids, y résiste mieux à l'ombre ; ses fleurs blanches en ombelle durent une partie de l'hiver. Il a trois variétés, feuilles luisantes et lisses, feuilles très-velues, feuilles panachées.

7. *AMADOUVIER*, sorte de champignon parasite, vivace, qui croît sur différens arbres. Sa partie molle intérieure, bouillie dans l'eau avec du nitre, battue pour l'assouplir, séchée, frottée dans de la poudre à tirer, fait l'amadou pour le briquet. Il arrête le sang des blessures ; celui de chêne, nommé *agaric*, est préférable pour cet usage, et peut suppléer à la noix de galle dans la teinture.

8. *MEZEREUM, Bois joli*, arbuste des forêts, improprement appelé *Lauréole femelle;* cultivé dans les jardins; donne en hiver, avant les feuilles, des fleurs blanches ou rouges,

odorantes, adhérentes aux rameaux. Toutes
les parties de cet arbuste sont caustiques ;
il se multiplie de graines ; semées en automne au moment de leur maturité, elles
lèvent promptement. Elles peuvent se conserver dans la mousse, le sable, la terre,
jusqu'au printemps ; sont alors plus lentes
à lever.

PEUPLIER ; grand, moyen ou petit
arbre suivant les espèces, dont plusieurs
naturelles en France ; et un plus grand
nombre d'étrangères naturalisées. Le peuplier est propre aux lieux humides ou inon-
dés ; croît vîte, se multiplie de boutures ;
son bois, plus ou moins tendre, sert à la
menuiserie et à plusieurs usages économi-
ques ; les feuilles font un bon fourrage.
Les bourgeons du peuplier noir fournissent
une gomme - résine d'une odeur agréable.
Le peuplier de Hollande ou l'*ypréau*, est
préférable aux autres sous tous les rapports,
acquiert une grande hauteur, croît dans les
terreins humides ou secs.

COIGNÉE, instrument tranchant du
bûcheron ; son fer qui n'est point arrondi
comme celui de la hache, est moins large,

10.

et plus long ; le manche de la coignée doit être long, afin d'augmenter la force du coup, et d'atteindre de plus loin.

11.

HELLÉBORE ; sous ce nom l'on compte quatre espèces de plantes vivaces, d'usage en médecine. La première, petite, donne en nivôse une fleur jaune : la deuxième donne à la même époque une grande fleur rose qui blanchit en s'épanouissant, se conserve dans l'eau : elle est nommée *rose d'hiver*, ou *hellébore noire ;* c'est la plus belle fleur de la saison : la troisième donne en ventôse une fleur verte : la quatrième nommée *pied-de-griffon*, a une odeur fétide, donne en automne une fleur verdâtre. La seconde et la quatrième sont sur-tout cultivées dans les jardins.

12.

BROCOLI, plante potagère, bisannuelle, voisine du chou-fleur, qui se mange crue, cuite, confite : on en compte quatre variétés ; la blanche, préférable aux autres, donne au printemps une pomme grosse comme celle du chou-fleur. La variété violette, la rougeâtre et la verte poussent aux aisselles des feuilles, des drageons tendres,

succulens, et quelquefois fructifient comme
la blanche. Le brocoli semé en prairial, est
bon à la fin de l'automne, en hiver et au
printemps.

LAURIER FRANC, petit arbre toujours
vert, originaire d'Asie, naturalisé dans le
midi de la France; craint le grand froid.
Toutes ses parties sont très-aromatiques;
les feuilles assaisonnent les alimens; la peau
des graines ou baies donne une huile essentielle; leur amande donne par expression une
huile grasse. Les graines se rancissent aisément, perdent alors la faculté de germer.
Son bois est dur; on en connaît des variétés à feuilles étroites, à feuilles plus ou
moins ondulées. Le laurier est la récom-
pense des vertus militaires, des grands ta-
lens, comme le chêne est décerné aux vertus
civiques.

AVELINIER, variété du noisetier,
à gros fruit presque rond, dont l'amande
est d'une saveur agréable; on en fait des
dragées; elle fournit une huile douce.
L'avelinier est cultivé; il croît aisément.

VACHE, la femelle du taureau; ses

12.

13.

14.

15.

15. cornes sont plus minces , son ventre plus ample , ses cuisses plus petites. Jeune, elle s'appelle *génisse ;* peut être couverte à trois ans , porte ne f mois. Sa principale utilité est dans le produit de son lait. Une bonne vache a la peau mince , douce , les jambes courtes , fortes , le pis (les mamelles) volumineux , souple ; les mamelons égaux et à pleines mains. Grasse , elle ne donne plus de lait. La conservation des bonnes espèces dépend du choix du taureau. Sa meilleure nourriture est la luzerne , le sainfoin non mouillés, les racines , la paille d'avoine , la farine de féves , le son , la plante sèche du pois chiche , et souvent du sel. On la trait deux fois le jour. Le bon lait est d'un beau blanc ; une goutte mise sur l'ongle , reste ronde sans couler ; le lait bleuâtre est de médiocre qualité : on retire du lait la crême dont on fait le beurre par le battage : le lait caillé mis dans des formes , donne du fromage ; il reste un petit lait et un sucre de lait qui s'attache à la longue aux vases de bois dont on se sert. La vache peut travailler au chariot, à la charrue ; elle donne alors moins de lait. Transportée d'un pâturage excellent dans un moindre , elle

<table>
<tr><td></td><td>JOURS.</td></tr>
</table>

dépérit : le grand froid comme la grande chaleur l'incommode : elle cesse de porter à dix ans ; alors on l'engraisse, mais plus facilement lorsqu'elle est pleine. Laissée à la nature, elle vit jusqu'à quinze ans ; sa bourre, son cuir, ses cornes sont employés ; sa chair est bonne à manger ; son fumier est un bon engrais, sur-tout dans les terres sèches et légères.

En se léchant, les vaches enlèvent leur poil, l'avalent ; il reste dans leur panse sous forme de pelotes nommées *égagropiles*.

B U I S , Bouis , arbrisseau toujours vert des forêts, des montagnes ; bois très-dur ; mis dans l'eau s'enfonce ; est fort employé dans les arts ; celui des pays chauds est plus facile à travailler ; les nœuds, bourlets ou tubérosités qui se forment sur la tige, sont recherchés des tourneurs, des luthiers, des tabletiers ; on le coupe en automne. Ses variétés sont, le nain pour faire les bordures des jardins, celui à feuilles panachées, celui à feuilles étroites.

L I C H E N , sous ce nom on comprend plus de cent espèces de plantes, et un plus

17. grand nombre de variétés : la plupart des lichens sont petits, parasites, vivaces, d'une consistance coriace, membraneuse, de couleur grisâtre. Les uns s'attachent aux rochers, y forment par leur destruction la première couche de terreau qui les prépare, après des siècles, à recevoir d'autres plantes ; d'autres vivent sur les arbres qu'ils font périr à la longue, en obstruant leurs pores ; ils croissent rapidement sur ceux qui sont privés d'air, de soleil, ou qui sont languissans. On confond mal-à-propos les lichens avec les mousses. Plusieurs espèces pulvérisées, mêlées avec de la chaux, arrosées d'urine, sont réduites en une pâte nommée *orseille*, qui fournit à la teinture une couleur rouge ; c'est un objet de commerce dans le Puy-de-Dôme et les départemens voisins. Un lichen d'Islande donne une gelée nourrissante. Le renne quadrupède du Nord, se nourrit de lichen.

18. *IF*, arbre toujours vert, couleur foncée, feuille petite, étroite ; ses fruits ou baies d'un beau rouge transparent dont le noyau n'est recouvert qu'en partie, durent une portion de l'hiver ; la saveur de leur pulpe est douce, leur noyau amer. Cet arbre croît lentement, est touffu, excellent pour les haies, se tond avec succès; son bois est dur, flexible, élastique, fendant, veiné de rouge; reçoit le poli, se tourmente beaucoup, perd ce défaut par un long séjour dans l'eau, dans la vase; sert dans les arts. Les oiseleurs font de l'écorce une glue pour la pipée. Il y a une variété panachée.

PULMONAIRE, plante vivace des bois, feuille ordinairement tachée de blanc, fleur violette ou blanche, assez agréable pour être cultivée dans les jardins.

SERPETTE, instrument tranchant, de différente grandeur, courbé à son extrémité, servant à tailler les arbres; son manche droit, terminé en crochet, doit être assez long pour placer la main entière. Fait en corne de cerf, il est plus solide, mieux en main. La serpette fermant à ressort, celui-ci doit être plus court que le manche, afin que le bas de la lame soit pris dedans.

THLASPI, Taraspic; quatre espèces cultivées dans les jardins; la première vivace,

21. toujours verte, ligneuse, originaire de Sicile; fleur blanche crucifère qui dure tout l'hiver, demande à être abritée : la seconde vivace, toujours verte, ligneuse, plus basse, reste en pleine terre; donne au printemps une fleur blanche : la troisième, annuelle, à fleur blanche ou gris-de-lin : la quatrième, annuelle, à fleur violette ou blanche : ces deux dernières durent en fleur jusqu'à l'arrière-saison.

22. *THYMÉLÉE DES ALPES*, arbuste rampant, toujours vert, fleur pourpre, en ombelle, odeur très-suave, paraissant deux fois l'an; se cultive dans les jardins, aime l'ombre. Toute la plante est caustique : il y a une variété rare, à fleur blanche.

23. *CHIENDENT*, plante vivace graminée. Sa racine traçante, noueuse, est d'une saveur douce, sucrée. Lavée, séchée, broyée, mise sous forme de pain, elle peut servir de nourriture. Cette plante est printanière, nourrit les animaux; les chiens la mangent pour vomir; elle multiplie beaucoup, nuit aux terres, est difficile à détruire. Le hersage fréquent avec des herses à dents de fer,

longues, courbées, rapprochées, minces, et les labours au crochet, sont les moyens de l'extirper. On doit la brûler. On confond cette plante avec plusieurs autres *graminées*; souvent on donne son nom à cette *famille*.

TRAÎNASSE, *Renoué*, plante annuelle des champs et des bords des chemins; fleurs peu visibles, graines nombreuses, petites, lourdes, de la nature de celle du sarrazin. Cette plante multiplie beaucoup, nuit aux terres; la prompte maturité de ses graines exige qu'on la sarcle de bonne heure; elle fournit au printemps une pâture pour les moutons.

LIÈVRE, quadrupède sauvage de la famille des rongeurs. Poil roux, oreilles longues, narines toujours en mouvement, odorat fin, jambes de derrière longues, queue courte. Cet animal ne terre point, ne sort pas du canton qu'il a adopté, y revient quand on l'en chasse; il est peureux, dort les yeux ouverts, sort la nuit, court rapidement; la femelle nommée *haze*, peut engendrer à un an, porte trente jours, met bas trois ou quatre petits nommés *levreaux*.

25. Le lièvre se nourrit des jeunes branches, de l'écorce, des racines des arbres, dévaste les champs ; sa peau fait des fourrures, son poil sert dans la chapellerie : sa chair est noire, délicate, meilleure dans les terres sèches, montueuses ; celle du levreau est préférée. Le lièvre est plus fort dans les pays froids ; son poil y blanchit dans l'hiver.

26. *GUÈDE, Pastel, Vouède,* plante bis-annuelle, sauvage, cultivée. Elle fournit une pâture aux moutons dès le printemps ; ses feuilles préparées donnent un bleu qui remplace l'indigo pour la teinture ; les objets qui sortent d'une cuve de guède sont verts, ils deviennent bleus à l'air. On la sème au printemps, dans les terres légères, fertiles, profondes ; elle réussit dans les terres nouvellement desséchées bien expo-sées ; on la sarcle, on l'éclaircit ; lorsque sa feuille jaunit, on la coupe, ce qui se répète jusqu'à quatre fois ; légèrement fanée, on la réduit en pâte dans un moulin à huile ; l'on en fait des pelotes, qu'on fait sécher et qu'on vend aux teinturiers sous le nom de pastel en coque.

27. *NOISETTIER, Coudrier,* arbrisseau des

à chaton, des bois; croit avec succès dans
les terres légères, sablonneuses; fruit oblong,
rond; son amande à pellicule blanche ou
rouge, d'une saveur agréable, fournit une
huile très-douce et recherchée; les Chinois
en mettent dans le thé qu'ils boivent. Les
rejets longs, unis, flexibles, droits du
noisetier, fournissent des baguettes pour
faire des supports de lignes; on en fait
des faussets, des harts, cercles, claies. Son
bois est utile dans la menuiserie, l'ébénis-
terie, la vannerie; réduit en charbon, est
recherché pour la poudre à tirer.

CICLAMEN, Pain de pourceau, plante
vivace, feuilles agréablement veinées; fleurs
élégantes, pendantes, redressées par leurs
extrémités; racines charnues, grosses,
aplaties, dont les sangliers et les cochons
se nourrissent; de-là vient son nom; ces
racines donnent une fécule nutritive. Sa
graine doit être semée au moment de sa
maturité. On en cultive plusieurs espèces
et variétés, automnales ou printannières,
à fleurs rouges, roses ou blanches; une
de celles-ci est très-odorante.

I

27.

28.

29.

CHÉLIDOINE, Éclaire, plante vivace qui croît sur les murs, dans les mauvaises terres. Elle contient un suc corrosif, d'un jaune orangé; ses fleurs sont jaunes, ses graines petites, nombreuses.

30.

TRAÎNEAU, voiture sans roue portée sur deux patins, ou même sans patin; à fond plat ou arrondi en demi-cylindre, relevé sur le devant par une courbure en coquille, à laquelle on attèle un ou plusieurs chevaux. Dans quelques contrées du Nord on y attèle des rennes ou des chiens qui sont attachés au cou par un seul trait passé entre leurs jambes et fixé immédiatement au traîneau sans timon ni limonière. Cette voiture est basse, se charge et se décharge très-aisément. Elle sert aux transports et aux voyages sur la neige, la glace et dans les lieux rocailleux qui seraient impraticables pour des voitures à roue.

La caisse d'une voiture ordinaire mise sur deux patins, devient un traîneau commode pour de longs voyages.

VENTÔSE,

Mois des Vents.

TUSSILAGE, *Pas-d'âne*, plante vivace, traçante, des lieux frais, des terres fortes ; fleurs jaunes qui paraissent avant les feuilles : celles-ci sont très-grandes ; les moutons s'en nourrissent.

1.

CORNOUILLER À GROS FRUIT, petit arbre des bois ; cultivé ; fait de bonnes haies, se tond bien ; fleurs jaunes, abondantes, recherchées des abeilles ; elles paraissent avant les feuilles ; fruit rouge à noyau, quelquefois jaune, acidule, de la forme d'une petite olive ; mûr, il se mange cru, confit ; est mêlé à d'autres fruits pour faire des boissons fermentées. On s'en sert pour perfectionner le cidre et le poiré ; l'amande du noyau donne de l'huile. Le bois du cornouiller est noueux et très-dur ; on en fait les échelons d'échelles, les roulons de ridelles de charrettes, des brochettes à percer les viandes, des faussets qui sont préférables à ceux de bois mous.

2.

2.

Il y a un *cornouiller* nommé *fanguin des bois*, plus petit, à fleurs blanches, baies noirâtres, rondes, donnant une huile à brûler. L'écorce des branches est, l'hiver, d'un beau rouge. Il a une variété à feuille panachée.

Ces deux arbres croissent dans tous les terreins : les moutons, les chevaux mangent leurs feuilles.

3.

VIOLIER, Giroflée jaune, plante vivace, presque ligneuse, croît sur les murailles ; ses fleurs jaunes, très-odorantes, fournissent aux abeilles une de leurs premières récoltes ; il y en a à fleurs plus ou moins doubles, à fleurs panachées ; ses graines peuvent fournir de l'huile.

4.

TROENE, arbrisseau des bois, presque toujours vert ; fleurs blanches en bouquet ; baies noires, qui fournissent aux arts une couleur bleuâtre ; branches flexibles ; employé par les vanniers. On en fait des haies, des palissades, des massifs pour retenir les terres en pente ; il se tond bien, et refleurit après. Les bestiaux mangent ses feuilles. Il y a des variétés à fruit blanc, à feuilles panachées.

Bouc, quadrupède ruminant, originaire des montagnes du levant, le mâle de la chèvre, avec ou sans cornes, barbe au menton, n'ayant point de dents incisives supérieures. Il aime à grimper, enlève l'écorce des arbres, mange les jeunes branches, les lichens : il doit rester à l'attache, ou être relégué dans les montagnes. Cet animal est chaud, fécond, engendre à deux ans, exhale une odeur qui vicie l'air au lieu de le purifier, comme on le croit ; elle diminue par la castration. Il vit jusqu'à douze ans. Son poil fait des camelots et différens autres tissus. Sa peau serrée égale celle du daim ; on en fait des outres pour contenir des liqueurs. Sa chair se mange ; le suif qu'il fournit, fait une chandelle excellente. Le bouc d'Angora doit être préféré à raison de son poil long, argenté, soyeux, dont on fait les plus beaux camelots et d'autres étoffes ; son éducation doit être encouragée.

5.

AZARET, Cabaret, Oreille d'homme, plante vivace des bois, odeur piquante, fleur noirâtre : connue seulement en médecine.

6.

7.

ALATERNE, arbrisseau toujours vert des collines du sud de la France ; craint le grand froid. Ses baies fournissent un vert de vessie ; son bois est dur, jaune. Plusieurs variétés à grandes, à petites feuilles, à feuilles panachées de jaune, à feuilles bordées de blanc (celle-ci délicate), à feuilles dentées ou *de Montpellier*. Il demande un terrain sec ; cultivé à l'ombre, résiste mieux au froid : on le confond souvent avec le *phillirea*, dont il diffère par ses feuilles *alternes*.

8.

VIOLETTE, plante vivace des bois, traçante, cultivée, donne au printemps, en automne, une fleur d'une odeur suave, dont on fait un sirop de couleur violette : ce sirop étendu d'eau, sert à reconnaître la présence d'un alkali ou d'un acide ; il verdit en y mettant de la soude, de la potasse, de l'ammoniac ou de la chaux ; il rougit en y mettant du vinaigre, de l'eau forte, ou tout autre acide. La violette sert aussi à parfumer, colorer quelques liqueurs. Les départemens méridionaux en font un commerce assez considérable avec le Levant ;

on en fait une infusion agréable et des   8.
conserves : elle fournit des variétés rouges,
blanches, panachées, et d'un violet clair.

MARSAULT, Osier noir; arbre moyen,   9.
espèce de saule ; croît promptement dans les
lieux aquatiques et dans les lieux secs ; fait
de bonnes haies, des taillis. Ses fleurs nombreuses, très-printanières, fournissent aux
abeilles du miel, de la cire. Ses feuilles
sont mangées par les animaux, ses branches
employées par le vannier ; son écorce sert
de tan en Laponie ; son bois blanc, moins
tendre que celui du saule ordinaire, re-
fendu, fait des échalas ; pour les empêcher
de se courber, on les lie en bottes ; on les
garde dans un lieu sec pendant un an.

BÊCHE, outil employé à travailler la   10.
terre, sur-tout dans les jardins. La bêche
varie par ses formes, ses dimensions : elle
est composée, 1.º d'un fer, ou lame acérée,
de dix à quinze pouces de long, de huit à
dix de large, terminé par une douille ronde,
ou par deux lames ou oreilles d'environ six
pouces, percées chacune de deux trous ;
2.º d'un manche de bois de frêne, d'érable,

10.

long de deux à trois pieds, terminé quelquefois par une béquille, ou une main : ce manche est reçu dans la douille, ou fixé entre les deux oreilles de la lame de fer, par deux rivets qui le traversent. Quelquefois le manche se termine par un pellon en bois, dont le bout en coin arrondi est fixé entre deux lames de fer renflées et soudées sur les côtés qui font la partie supérieure du tranchant de la bêche : cette manière est imparfaite. Pour introduire la bêche dans la terre, on met le pied sur la tranche de la lame qu'on fortifie en y ajoutant un dosseret large de quelques lignes : ce dosseret au lieu de se fixer à la lame, fait une pièce détachée qui s'enfile par un anneau dans le manche, sans descendre jusqu'à la lame. Cette disposition permet de labourer plus profondément. La bêche moins expéditive que la *charrue*, travaille mieux la terre ; la *houe* plus expéditive que la bêche, fatigue davantage l'ouvrier ; le *crochet* qui remplace la houe dans les terreins pierreux, difficiles à labourer, ménage les racines des plantes ; la *fourche* à dents larges, ou *trident*, remplace la bêche pour la position de l'ouvrier, et le crochet par son emploi.

NARCISSE ; on en distingue sur-tout quatre espèces, et leurs variétés cultivées dans les jardins ; toutes, plantes bulbeuses, vivaces, odorantes ; deux naturelles en France, deux étrangères naturalisées. La première, *Narcisse* des Poètes, ou *Jeanette*, est à fleurs blanches, grandes, solitaires, simples ou doubles ; la seconde, *Narcisse* commun, *Aillau*, *Porion*, à fleurs jaunes, grandes, solitaires, simples ou doubles ; la troisième, *Narcisse de Constantinople*, à bouquets, petites fleurs jaunâtres rassemblées ; la quatrième, *Narcisse Tasette*, fleurs blanches rassemblées, originaire du sud de l'Europe. Le narcisse croît même dans l'eau ; est cultivé dans l'intérieur des maisons. La Hollande en fournit plusieurs variétés à bouquet. | 11.

ORME, grand arbre, originaire du nord de l'Europe, croît dans tous les terreins secs ; le bois y est meilleur ; son intérieur s'altère lorsqu'on l'étête pour le planter. On lui fait tort lorsqu'on attend pour l'élaguer que ses branches soient trop fortes. Son feuillage est d'un vert foncé ; les animaux s'en nourrissent ; son bois sert | 12.

12. dans la marine, le charronnage, la menuiserie ; on en fait des cercles de cuves, des
affûts, des tuyaux de conduite, des pompes :
il se tourmente à l'air, se conserve long-
temps sous l'eau, sous terre ; fournit un
bon chauffage, un bon charbon, des cendres
riches en potasse. Le bois de l'orme *Teille*
est cassant ; ses feuilles sont larges : celui
de l'orme de Hollande est léger, médiocre ;
son écorce est fongueuse. Le bois de l'orme
tortillard est excellent pour les moyeux des
roues : cette dernière espèce, qui croît
vite, multipliée de graine, ne cesse pas
d'être tortillard. L'Amérique septentrionale fournit un orme appelé *bois de fer*,
à cause de sa dureté ; il mérite d'être cultivé et multiplié en France.

13. *FUMETERRE ;* deux espèces principales, parmi cinq plantes indigènes ; l'une
à racines bulbeuses, vivaces, croît au nord
de la France, dans les bois ; elle fournit
des variétés agréables par leurs fleurs ;
l'autre espèce annuelle se trouve dans les
champs, les jardins, est usitée en médecine.

14. *VÉLAR*, *Tortèle*, plante annuelle mé-
dicinale ; croît près des lieux habités.

CHÈVRE, quadrupède, femelle du
bouc, originaire du Levant. Vive, légère,
elle aime à grimper, fait du tort aux arbres,
en arrachant leurs écorces et broutant
leurs jeunes pousses ; elle vit douze ans,
porte cinq mois, met bas un, plus souvent deux chevreaux ; fournit un lait abondant, savoureux, dont on fait des fromages :
ceux du Mont-d'Or sont renommés. On
la trait deux fois le jour, est bonne nour-
rice, allaite volontiers les enfans, s'attache
à eux, accourt à leurs cris, prend garde
de les blesser : elle craint les grands froids,
doit être tenue à l'attache, ou reléguée
dans les montagnes. Sa chair se mange
fraîche ou salée, préférée à celle du bouc :
son poil, sa peau, son suif sont recherchés.
La chèvre d'Angora mérite d'être multi-
pliée pour la beauté, l'utilité de son poil.			15.

ÉPINARD, plante annuelle, cultivée
depuis environ deux siècles ; se sème dans
toutes les saisons ; les pieds femelles portent la graine, les pieds mâles n'en portent
pas ; mal-à-propos ces derniers sont appelés
femelles. Variétés à feuilles plus ou moins			16.

16.   grandes, charnues, semence épineuse ou non. Ses feuilles se mangent cuites.

17.   *DORONIC*, plante vivace des montagnes; grande fleur dorée; d'usage en médecine. On confond sous ce nom différentes espèces de plantes.

18.   *MOURON, Morgeline*, plante annuelle des lieux cultivés, grène promptement, doit être sarclée de bonne heure, se reproduit quatre à cinq fois dans la même année, sert à nourrir les oiseaux, se mange en salade; sa saveur douce approche de celle de la mâche.

19.   *CERFEUIL*, plante annuelle, cultivée; se sème toute l'année; ses feuilles se mangent en salade, servent d'assaisonnement. Le cerfeuil musqué, vivace, cultivé, originaire d'Italie, a un parfum qui approche de celui de l'anis; ses graines vertes, hachées servent dans les salades, se sèment avec plus de succès à la fin de l'été ou en automne; les bestiaux, les lapins mangent les feuilles de ces deux espèces.

CORDEAU. A l'aide du cordeau tendu par des piquets, le jardinier aligne ses plantations, ses allées, prend des distances, mène des perpendiculaires, des parallèles, rapporte des angles, fait des figures régulières, rectilignes ou curvilignes, trace des cercles, des portions de cercle, des ovales : cet instrument peut suffire à toutes les opérations géométriques dont il a besoin ; c'est à la fois sa règle et son compas.

Dans une plantation étendue, le jardinier fait moitié moins de chemin, gagne du temps, fait plus d'ouvrage et le fait mieux, en employant deux cordeaux à la fois.

Il les place sur les deux premières lignes, plante la première et porte le bout du premier cordeau sur la troisième.

Il revient par la seconde ligne en plantant, porte l'autre bout du premier cordeau sur la troisième, et le bout du second sur la quatrième.

Il plante la troisième ligne, porte le bout du cordeau de la troisième à la cinquième, et le bout de l'autre cordeau de la seconde à la quatrième.

Il plante la quatrième et ainsi de suite.

20.

A chaque fois il plante une ligne; arrivé à son extrémité, il termine l'alignement d'un des cordeaux dans la ligne suivante et commence l'alignement de l'autre cordeau.

21.

MANDRAGORE, plante vivace, originaire du sud de l'Europe, d'une odeur désagréable; fleur assez grande, placée près de terre; racines très-grosses, qui donneraient une fécule nutritive après avoir été bien lavée. Cette plante a long-temps servi aux charlatans pour abuser de la crédulité des ignorans.

22.

PERSIL, plante bisannuelle, potagère, originaire de Sardaigne; graine aromatique. Ses feuilles, agréablement découpées, se mangent crues, cuites, servent d'assaisonnement; séchées, se conservent pour l'hiver. On le cultive en grand; les moutons qui en mangent trois ou quatre fois par décade, sont préservés du tac; on le cultive en grand pour cet usage; les lièvres, les lapins en sont friands. Il y a des variétés de persil à feuilles grandes, petites, frisées, panachées, à grosses racines. Cette dernière semée claire, acquiert la grosseur d'une petite carotte, et fournit un aliment sain et agréable.

COCHLÉARIA, plante bisannuelle des lieux ombragés; saveur piquante, utile au marin contre le scorbut. Elle est abondante dans le Nord.

PAQUERETTE, petite plante vivace des prairies; fleur jaune à son centre, blanche à sa circonférence, rouge en dessous, simple ou double; on en cultive dans les jardins des variétés doubles de différentes couleurs, qui dégénèrent par une culture négligée.

THON, poisson de mer à grandes écailles recouvertes d'une peau mince, museau pointu, épais; mâchoires garnies de dents aiguës, serrées; yeux grands, saillans; dos noirâtre. Il vient par troupes, au printemps, de l'Océan dans la Méditerranée; poursuit les sardines dont il est friand; suit les vaisseaux, se montre sur les côtes d'Espagne, de France, de Sardaigne, de Sicile, d'Italie, de Grèce; se rend par les Dardanelles dans la mer noire; son retour se fait en automne. On le pêche dans ces deux saisons, sur les côtes de l'Océan, à la ligne, sans autre appât qu'un linge figurant une sardine ; sur la Méditerranée, aux filets.

Des compagnies de pêcheurs établissent à quelques lieues des côtes de France, de gros filets fixés, soutenus par des ancres, des bouées, en forment de vastes enceintes divisées chacune en plusieurs parties, qui conduisent par plusieurs détours à un filet placé horizontalement sous l'eau, et bien amarré : c'est le *corpou*. Chaque enceinte est appelée *madrague* (c'est-à-dire, *parc*).

Un chef placé dans une barque à la tête de la madrague, observe, donne le signal, dirige la manœuvre.

Les thons entrent en foule dans ce labyrinthe et ne peuvent plus en sortir. Rendus dans le *corpou*, les matelots tous ensemble soulèvent le filet hors de l'eau, saisissent les poissons, les retournent sur l'eau pour leur ôter leur force. Quelques-uns pèsent plus de 200 livres.

On les vide, on les coupe par tronçons, on les fait rôtir sur de grands grils de fer, ou on les fait frire dans l'huile d'olive, on les assaisonne, on les encaque avec de l'huile nouvelle et un peu de vinaigre.

Ce

Ce poisson est moins rusé , plus huileux sur l'Océan , maigre sur les côtes de Sardaigne , meilleur sur celles de France ; gras, mais d'une saveur fade sur la mer Noire : sa chair est ferme, agréable , ressemble dans quelques parties à celle du veau , se transporte au loin , fait un objet de commerce.

25.

PISSENLIT, plante vivace, laiteuse ; multiplie beaucoup par ses graines à aigrettes, que le vent disperse : ses racines longues, charnues, difficiles à détruire, se mangent, ainsi que ses feuilles, en salade, ou blanchies comme celles de la chicorée sauvage auxquelles elles ressemblent. Cette plante est saine pour les bestiaux.

26.

SYLVIE, espèce d'anémone ; plante vivace des bois, printanière ; variétés à fleurs blanches, couleur de chair, doubles ; cette dernière cultivée dans les jardins. Les bestiaux la mangent.

27.

CAPILLAIRE. Sous ce nom on connaît trois espèces de plantes vivaces de la famille des fougères ; le capillaire noir,

28.

K

28. celui de Montpellier, celui de Canada ; le second est employé en sirop : leur fructification est sous leurs feuilles.

29. *FRÊNE*, grand arbre des lieux humides, dans lesquels sa croissance est rapide ; il croît aussi dans les lieux secs ; ses feuilles fournissent une bonne nourriture pour les bestiaux, se conservent pour l'hiver dans des tonneaux avec du sel, de l'eau. Son bois solide, dur, élastique, bon pour la charpente, la menuiserie, est excellent pour le charronnage ; préférable pour les essieux, les rames ; fait de bons assemblages, de bons manches d'outils, ne se tourmente pas, sert au chauffage. Son écorce infusée dans l'eau, la rend bleue, sert à teindre les filets. On fait des plantations de frêne destinées à être étêtées à la manière du saule. Une espèce donne au printemps des fleurs agréables ; le frêne de Calabre produit la manne. L'Amérique septentrionale fournit plusieurs espèces qui réussissent en France, notamment le frêne à feuille de noyer, à feuille simple, à feuille large.

30. *PLANTOIR*, outil de jardinier : c'est

30.

un bâton de bois dur, recourbé par un bout
pour l'empoigner, pointu par l'autre, et
quelquefois revêtu de fer ; il sert à planter ;
son usage est expéditif, mais mauvais dans
les terres fortes pour les plantes délicates,
en ce qu'il rassemble leurs racines en un tas,
tandis que pour prospérer elles doivent être
étendues et séparées.

K 2

GERMINAL.

1. *PRIMEVÈRE*, *Primerole*, plant vivace, basse, à tiges ou sans tiges ; ses fleurs odorantes sont à bord plan ou concave, simples ou doubles, de couleurs diverses. Un grand nombre de variétés sont cultivées dans les jardins. Ses feuilles se mangent cuites ; ses fleurs parfument le vin, et ses racines la bière : les moutons mangent la plante.

2. *PLATANE*, grand arbre de l'Amérique septentrionale ; deux espèces naturalisées en France, l'une *du Levant*, l'autre d'*Occident* (de l'Amérique septentrionale) ; leurs feuilles grandes, d'un beau vert, pourrissent difficilement sur terre ; leur écorce unie se détache tous les ans par plaques ; leur bois de bonne qualité ressemble à celui du hêtre. Le platane du Levant aime l'humidité, croît aussi dans les lieux secs ; le soleil n'altère point ses feuilles ; son ombre est très - épaisse ; son bois sert dans l'Orient à la construction des vaisseaux ; il offre deux variétés principales,

Celui d'Occident, plus grand, préfère les terreins les plus humides ; ses feuilles sont plus larges, moins découpées, abondantes ; succulentes lorsqu'elles sont jeunes, elles fourniraient une nourriture précieuse pour les bestiaux : on en a remarqué une variété noueuse, propre à faire des moyeux et d'autres objets de charronnage.

ASPERGE, plante vivace des lieux sablonneux ; deux variétés cultivées, la commune et la grosse ; les pousses se mangent ; cuites à la vapeur de l'eau bouillante, elles conservent plus de saveur. On peut s'en procurer pendant long-temps. La grosse porte différens noms, suivant les lieux d'où elle vient. La racine de l'asperge pourrit aisément dès qu'elle ne végète plus ; on prévient le mal en ôtant en automne une partie de la terre dont on la recouvre au printemps, pour avoir les pousses plus longues. Les bestiaux mangent la plante.

TULIPE ; deux espèces, vivaces, bulbeuses ; l'une petite, à fleurs très-odorantes, peu cultivée ; l'autre originaire d'Asie, naturalisée depuis 1559, a donné par les semis

2.

3.

4.

4. un très-grand nombre de variétés simples ou doubles, riches en couleur ; elles se multiplient par les caïeux, ne se panachent qu'après plusieurs années, et dégénèrent en vieillissant.

5. *POULE,* femelle du coq, originaire de l'Inde ; le plus utile des oiseaux de basse-cour ; ses variétés sont à plume lisse ou frisée, à crête ou hupée, à queue ou sans queue, peau blanche ou noire, grande ou petite ; plumage de différentes couleurs. La poule craint l'humidité, a la vue perçante, mue tous les ans ; elle caquette avant de pondre, chante après ; glousse lorsqu'elle veut couver ou rassembler ses petits ; se nourrit d'herbages, de grain. L'avoine, le sarrasin, le chenevis l'excitent à la ponte. Elle aime les vers de terre, les insectes ; est redoutable aux abeilles ; se plaît dans le sable, en avale des grains ; le manque d'eau lui donne la pépie ; la mal-propreté l'expose à la vermine qu'on détruit par le poivre. Une bonne poule pond dans la belle saison tous les jours une fois, rarement deux ; tenue dans un lieu chaud, obscur, tranquille, elle peut pondre toute l'année, excepté

pendant la mue; le froid diminue la ponte; quelques grains de sel de temps à autre l'accélèrent. Les œufs de fructidor, vendémiaire, se gardent plus long-temps. On les conserve dans l'eau, la graisse, le son, la cendre, et aussi en les couvrant d'un enduit de gomme, de cire, d'huile, de vernis. L'œuf est très-nourrissant; sa glaire est employée dans les arts pour clarifier, lutter. Si la poule a reçu l'approche du coq, ses œufs sont bons à couver. Une poule peut couver de douze à dix-huit œufs; après vingt-un jours, le *poussin* sort de l'œuf. La même poule peut conduire plusieurs couvées, soigne avec tendresse ses petits, les défend avec courage, leur montre leurs alimens et les divise, les réchauffe sous ses ailes. Les jeunes coqs coupés font les *chapons* qu'on engraisse, et qu'on peut employer à couver des œufs, ou conduire des poussins. La poule coupée s'engraisse, prend le nom de *poularde;* sa plume, sa chair sont employées.

On peut faire éclore les poulets sans le secours de la poule, en mettant les œufs à une chaleur de trente-deux degrés et demi, dans du fumier, des fours, des étuves, au bain-marie, ou à la vapeur de l'eau, ce qui

5.

est préférable ; mais ces moyens ne valent pas la chaleur naturelle.

La poule de Caux, haute sur pattes, avec le coq ordinaire, fournit une meilleure race pour la chair et la ponte.

6.

BLETTE, plante annuelle, originaire d'Amérique ; deux espèces, la blanche, la rouge : les feuilles se mangent cuites à la manière des épinards.

7.

BOULEAU, grand arbre des forêts, commun dans les montagnes et dans le Nord ; croît vîte dans les terreins humides, sablonneux. Dans le Nord, avant la sortie des feuilles au printemps, on retire du bouleau noir, par une incision verticale, une *eau limpide, sucrée*, dont on fait une boisson fermentée, agréable, de peu de durée. L'eau du bouleau blanc est abondante, très-peu sucrée.

L'époque où la feuille paraît est celle où l'orge se sème.

La *feuille* fraîche, sèche nourrit le bétail ; on en fait provision pour l'hiver. On en retire une couleur d'un jaune faible.

Les *branches* souples, solides dans les

| | 7. |

lieux découverts, font des liens, balais, paniers.

L'*écorce extérieure*, souple, forte, se lève par feuillets minces, les premiers blancs, les autres rougeâtres ; elle servait pour écrire, avant l'invention du papier. On couvre quelques habitations de cette écorce ; on en fait des corbeilles, des vases à contenir du liquide ; à défaut d'autres vases, les pêcheurs y font cuire leur poisson, en y mettant de l'eau : divisée par rubans, on en fait des chaussures natées, des cordes, des bouteilles, etc.

L'*écorce intérieure* est épaisse, rouge, solide ; broyée, bouillie avec de la cendre, teint en rouge les filets des pêcheurs. Le cuir dépouillé de son poil, plongé à plusieurs reprises dans une décoction de cette écorce fraîche, résiste mieux à l'humidité. On retire de l'écorce de bouleau, par un feu étouffé dans des fourneaux, une huile employée dans la préparation du cuir de Russie ; elle lui donne sa qualité, son odeur.

Le *bois* est blanc, solide, plus dur dans nos montagnes que dans le Nord. On en fait des ustensiles de ménage, des sabots, des cerceaux, du charronnage, des jantes

7.

de roue d'une seule pièce ; fait un bon chauffage. Son charbon sert aux dessinateurs, entre dans la poudre à tirer, est employé dans les fourneaux.

Il se forme sur le bouleau des nœuds d'une substance rougeâtre, marbrée, légère, solide, non fibreuse, très-recherchée des tourneurs, connue dans le Nord sous le nom de *Cap*. On en fait des tasses.

Le bouleau est le dernier arbre qu'on rencontre en s'élevant sur les montagnes, et en s'avançant dans le Nord vers les limites de la végétation ; mais il est petit, tortu, rabougri.

8.

JONQUILLE, plante vivace, bulbeuse, originaire d'Asie ; fleur simple ou double, d'un jaune d'or ; odeur suave ; entre dans les parfums, se multiplie de semence et par caïeux.

9.

AULNE, Averne, grand arbre, croît promptement dans l'eau. Planté sur le bord des eaux, retient les terres ; dans les prairies ne nuit point à la végétation. Son écorce sert à tanner les cuirs, à les teindre en couleur fauve, ainsi que les filets de pê-

cheurs : mêlée avec ses fruits, peut suppléer
pour le noir à la noix de Galle. Son bois
blanc, tendre, facile à teindre, sur-tout
en noir, prend bien la colle ; est durable
sous l'eau ; on en fait des pilotis, des
perches, pelles, sabots, échelles, chaises,
talons de souliers ; sert au chauffage : son
charbon est un de ceux qu'on préfère pour
la poudre à tirer. Ses feuilles fraîches ou
sèches servent de nourriture aux animaux :
il a une variété à feuilles découpées.

9.

COUVOIR, panier d'osier où l'on met
la poule couver ; il doit avoir la base large,
être tenu proprement et parfumé.

10.

PERVENCHE, plante vivace des bois,
ligneuse, rampante ; branches longues,
flexibles ; feuillage d'un beau vert ; fleurs
bleues, agréables ; se plaît à l'ombre. Deux
espèces ; l'une a les feuilles, les fleurs
grandes ; l'autre espèce plus petite, varie,
à feuilles panachées, à fleurs blanches,
pourpres, simples ou doubles. On cultive
dans les jardins une troisième espèce originaire de Madagascar, à belles fleurs

11.

11. roses, blanches; elle demande à être serrée l'hiver.

12. *CHARME*, grand arbre d'une belle verdure : son écorce unie, mince, teint en jaune; sa sève au printemps est abondante; son bois dur, coriace, fournit des essieux, jantes, jougs, alluchons, maillets, manches d'outils; se tourne bien; fait un bon chauffage. Le charme se transplante aisément, est peu difficile sur le terrein, fait de bonnes clôtures faciles à diriger; ses feuilles qui se conservent sur l'arbre, jusqu'aux nouvelles, servent d'abri en hiver; les bestiaux les mangent avec plaisir. Il a une variété à feuilles de chêne, une autre à fruit de houblon.

13. *MORILLE*, sorte de champignon des forêts, abondante après les premières pluies chaudes; se mange fraîche ou séchée.

14. *HÉTRE*, *Fayard*, *Faulx*, *Fouteau*, grand arbre formant des forêts d'une grande étendue; beau port, beau feuillage, écorce fine, lisse, grisâtre : il fait périr les plantes qui l'avoisinent, se transplante difficilement,

veut être ombragé dans sa jeunesse, croît
dans les terres sablonneuses, fait de bonnes
haies : ses feuilles restent jusqu'aux nouvelles; durent long-temps sur la terre après
être tombées, on en garnit les lits en place
de paille : les moutons s'en nourrissent : sa
graine triangulaire, abondante, renfermée
dans une coque épineuse, connue sous le
nom de *faine*, bien séchée, dépouillée de
son enveloppe sous la meule, donne une
amande d'une saveur agréable dont on retire
une huile douce, abondante, qui s'amé-
liore en vieillissant, et qu'on mange ;
son marc engraisse promptement les cochons, la volaille et les bestiaux ; donne
moins de consistance au lard que le gland ;
l'amande grillée peut suppléer au café. L'e-
corce de l'arbre remplace le liége pour les
filets de pêcheurs : son bois est veiné, solide,
facile à fendre ; fort employé par les bois-
seliers, layetiers, menuisiers, gaîniers,
tourneurs ; on en fait des vases, saloirs,
pelles, sabots, soufflets, bâts, colliers pour
les bêtes de somme. On le durcit à la fumée ;
il se conserve mieux sous l'eau qu'à l'air,
fait un bon chauffage, brûle vîte, donne
beaucoup de cendres. Il a une variété à

JOURS.

14. feuilles de couleur pourpre, plus ou moins foncée.

15. *A B E I L L E , Mouche à miel,* d'Europe ; habite des troncs d'arbres, des creux de rochers ; vit en société ; est industrieuse, laborieuse, utile à l'homme par le miel, la cire qu'elle lui fournit. On en distingue quatre variétés ; l'une grosse, longue, brune ; une deuxième presque noire ; une troisième grise ; une quatrième jaune aurore, luisante, dite *de Flandres* et *de Hollande*, active, économe, préférable aux autres. Chaque essaim ou famille est composé, 1.° d'une pondeuse ou mère, corps plus gros, plus long que celui des autres abeilles, ailes courtes ; pond jusqu'à quarante mille œufs par an, est armée d'un aiguillon ; 2.° d'environ seize cents mâles ou faux-bourdons, petits, sans aiguillon, fainéans ; 3.° d'environ vingt mille ouvrières, sans sexe, aiguillon barbelé, à la base duquel est une liqueur vénéneuse. Elles sont actives, prévoyantes, font tout le travail intérieur et extérieur de l'habitation ; ne souffrent qu'une seule pondeuse ; chassent, détruisent tous les mâles vers la fin de l'été ; elles sont vindicatives ; emploient sur-tout leur aiguillon contre ceux qui les craignent, les irritent ; attaquent les plus gros animaux et les tuent : la fumée les éloigne ; celle d'un linge humide, allumé, lié au bout d'un bâton, sert avec succès à leur enlever impunément leurs récoltes en miel, en cire ; on parvient au même but, en les aspergeant d'eau légèrement, à l'aide d'une brosse. On doit laisser quelque chose pour leurs besoins et pour les exciter au travail : elles sont susceptibles de s'apprivoiser. Les fleurs qui leur fournissent le meilleur miel, sont celles des bourraches, bouillons-blancs, serpolets et autres plantes labiées. En Suède, leur principale récolte de miel se fait sur les bruyères ; en Danemarck, sur le sarrasin ; en Pologne, en Russie, sur le tilleul ; dans le Levant, sur les thyms ; au bord de la mer Noire, sur l'aconit ; en Sardaigne, sur l'absinthe ; en Corse, sur l'arbousier ; à Narbonne, sur le romarin. De là ses diverses qualités. Les abeilles recherchent les fleurs de tulipes ; après les fleurs elles recueillent les gouttes d'eau sucrée que jettent autour d'eux certains puce-

| 15. |

rons attachés aux jeunes pousses de quelques arbres ; elles sont dans l'engourdissement pendant l'hiver ; plus il est prolongé , moins elles consomment de leurs provisions. Lorsque la ponte produit de nouvelles mères, il se compose autant de nouveaux essaims, qui vont ailleurs fonder des colonies.

On élève les abeilles dans des ruches qui ne doivent point être exposées au grand soleil, à la pluie, au vent ; quelquefois on les place dans l'intérieur des habitations, même dans leurs parties les plus élevées ; d'autres fois on les fait voyager pour leur procurer de plus abondantes récoltes.

| 16. |

LAITUE, plante potagère, annuelle, qui offre beaucoup de variétés, pommées ou non pommées ; se mange crue, cuite. Les laitues préférables pour le printemps sont , la *crèpe*, la *berlin*, la *feuille d'épinards* ; celle-ci se coupe deux ou trois fois ; pour l'été , la *berlin*, la *versailles* ; pour l'hiver, la *passion*, la *coquille*.

| 17. |

MELÈSE, grand arbre résineux des montagnes ; forme pyramidale ; *feuilles. longues*,

longues, étroites, d'un beau vert au printemps, rassemblées par paquets tombent
l'hiver ; *semences ailées*, contenues dans un
cône ou fruit écailleux qui s'ouvre à sa
maturité ; les graines tombent, le vent
les disperse. Le melèse croît promptement,
même dans un sol médiocre ; il parvient
à la hauteur de cent pieds et plus, se
transplante facilement, ne se multiplie que
de semence. Sa culture est trop négligée.

Sa résine abondante sort par les pores de
l'écorce et la vernit ; elle en devient inattaquable à la pluie et très-combustible ; la résine
se trouve quelquefois par masse dans les
gros arbres, ou par petits grumaux blancs
(*manne de Briançon*). Elle est moins bonne
que celle du sapin à feuille d'if. On la tire
des melèses les plus vigoureux, en ouvrant,
à deux pieds de terre, un trou d'un pouce
de diamètre ; une gouttière la conduit dans
un baquet. On la passe dans un tamis de
crin. Mêlée à l'eau, et distillée, elle
donne une huile essentielle qui entre dans
les vernis ; le résidu peut être employé
dans le brai gras pour la marine. Un arbre
peut fournir huit livres de résine par année,

L

17. et pendant cinquante ans. Cet écoulement altère la qualité du bois.

Son écorce est employée dans les tanneries.

Son bois dure long-temps, est presque incorruptible sous l'eau, est employé dans la charpente, la menuiserie, se polit bien; les peintres s'en servaient anciennement au lieu de toile.

18. *CIGUË*, plante bisannuelle des champs, des lieux ombragés; elle est dangereuse. On la distingue du cerfeuil, du persil, par son odeur nauséabonde et sa tige tachetée.

19. *RADIS*, plante potagère annuelle: racine charnue, petite, blanche, rouge, rose, violette, longue ou ronde; elle se sème toute l'année, et se mange crue. Les jeunes feuilles se mangent cuites et en salade.

20. *RUCHE*, habitation des abeilles; on la construit en bois avec ou sans verres; en paille ou osier, ronce, viorne, troêne tressés; on en fait avec du liège ou un tronc d'arbre: sa forme est circulaire ou carrée; d'une seule ou de plusieurs pièces posées les unes sur les

| | 20. |

autres, ou à côté les unes des autres : sa hauteur est d'environ trente pouces sur vingt à vingt-cinq de largeur : on la recouvre de paille, quelquefois d'une boîte assez grande pour laisser un vide tout autour. Elle doit être éloignée des fumiers, des marais, et parfumée de temps en temps. La ruche composée de plusieurs pièces ou *hausses*, est plus utile pour en retirer le miel et la cire, sans faire périr et sans troubler les abeilles.

GAINIER, arbre moyen, originaire de Judée, naturalisé en France ; ses fleurs roses ou blanches, celles-ci rares, sont agréables, abondantes, paraissent avant les feuilles et sont recherchées des abeilles. Ses feuilles sont d'un beau vert ; son bois dur, veiné, est propre à la marqueterie : cet arbre craint les très-grands froids. — 21.

ROMAINE, Chicon, sorte de laitue à pomme alongée, qui a plusieurs variétés, dont une hâtive. Celle à feuille verte ou la *maraichère*, la *blonde*, la *flagellée* sont préférables pour l'été ; la grise de toutes saisons, monte difficilement, passe même l'hiver, — 22.

22.   ainsi que la rouge : toutes se mangent crues ou cuites.

23.   *MARRONIER-D'INDE*, grand arbre du nord de l'Asie, naturalisé en France depuis plus d'un siècle ; beau port, beau feuillage, belles fleurs printannières ; son bois blanc, mou, sert en voliges. Son fruit est une coque épineuse qui contient plusieurs *marrons* fort amers. On les adoucit en les lessivant ; pelés, rapés, ils donnent de la fécule ; écrasés, infusés à froid pendant douze heures dans l'eau, ils la rendent savoneuse et propre à blanchir. Les bestiaux peuvent manger ces semences. Leurs cendres donnent une grande quantité de potasse.

24.   *ROQUETTE CULTIVÉE*, plante annuelle, se sème, se récolte dans l'espace de trois mois ; l'été, se cultive à l'ombre ; jeune, elle assaisonne la salade ; ses graines donnent de l'huile.

25.   *PIGEON*, oiseau sauvage, ou domestique, symbole de la tendresse, de la constance. Il supporte tous les climats ; se détache difficilement du lieu qui l'a vu naître,

| | 25. |

vole avec rapidité et long-temps, voit au
loin, se nourrit de grains, aime le sel,
le salpêtre et les eaux saumâtres, se plaît
au soleil, à une pluie douce, veut être
propre. Il roucoule, fait la roue auprès de
sa femelle : celle-ci pond deux œufs à chaque
couvée, les couve tour-à-tour avec son
mâle ; nourrit ses petits en dégorgeant dans
leur bec le grain qu'elle a ramolli dans son
gézier. Si elle est bien nourrie, elle pond au
moins neuf fois par an ; alors une seule paire
de pigeons pourrait produire progressivement au bout de quatre années, plus de
dix-huit mille pigeons. Cet oiseau va par
troupe, fait un grand dégât dans les semis,
principalement dans les chenevières ; sa fiente
ou colombine est un bon engrais, préférable dans les terres fortes. Il vit au-delà
de quinze ans. Sa chair est délicate. Les
pigeons les plus connus sont le *ramier*, *biset*,
mondain, *romain*, *pattu*, *nonnain*, *paon*,
cavalier, *polonais*, *culbutant*, *gorge*, *glouglou*,
huppé, *messager* ; ce dernier porté fort loin
du lieu qu'il habite, le retrouve ensuite
avec facilité.

LILAS, arbrisseau, originaire d'Asie ; | 26.

26. feuillage d'un beau vert, quelquefois panaché ; belles fleurs en grappes droites , d'une
odeur suave , violettes , pourpres ou blanches : son bois blanc est serré , ferme.
On distingue le lilas de Perse , espèce
plus petite qui fournit trois variétés : une
autre espèce se fait remarquer par sa fleur
purpurine à grosse panicule ; elle tient le
milieu entre les deux espèces précédentes.

27. *ANÉMONE DES JARDINS,* plante
vivace , originaire du Levant , à racines charnues ; les semis donnent beaucoup de variétés
à fleurs simples ou doubles , nuancées de
toutes les couleurs; on les conserve en
les relevant de terre tous les ans , lorsque
leurs tiges sont sèches ; on les replante
au commencement de l'automne.

28. *PENSÉE,* petite plante agréable par
l'élégance de ses fleurs , la vivacité , l'harmonie , le velouté de leurs couleurs ; elles
sont légèrement odorantes. On en cultive
deux espèces : l'une annuelle très-commune ,
se sème d'elle-même , fleurit presque toute
l'année , donne beaucoup de variétés;
l'autre vivace , peut se multiplier en parta-
geant ses touffes.

MYRTILLE, *Raisin des bois*, arbuste traçant ; ses baies d'un bleu foncé, se mangent fraîches, avec de la crême, dans des tartes ; les coqs de bruyère en sont friands ; on les emploie dans la teinture.

| | 29. |

GREFFOIR, instrument du jardinier lui servant à greffer, sur-tout en *écusson* ; à l'extrémité de son manche est une pièce d'ivoire, mince, arrondie, de la longueur d'environ un pouce ; elle sert à lever l'écorce pour placer l'*œil*. Le greffoir en forme de *scalpel*, à manche d'ivoire, est préférable.

| | 30. |

FLORÉAL,

Mois des Fleurs.

1. Rose, fleur du rosier, arbuste dont il existe beaucoup d'espèces, de variétés, originaires de l'Asie, de l'Amérique septentrionale, de l'Europe. La rose est simple, semidouble, double prolifère ou très-double, avec ou sans aiguillons; sa couleur est rouge tendre, pourpre, ponceau, jaune, citron, carnée ou de chair, blanche, panachée. Les principales cultivées sont la *rose rouge* de *Provins*, qui est un objet de commerce; la *rose à cent feuilles*, *la mousseuse*, variété de la précédente; la *muscate*, la *canelle*, la *pomifère*, la *rose de Meaux*, *de Bourgogne*, *de Champagne*, et celle *à gros-cu*. Elles se succèdent jusqu'à la fin de l'automne. C'est à la culture qu'on doit les fleurs doubles : les étamines deviennent pétales, et la fleur cesse de donner des graines. La plupart ont une odeur suave, entrent dans les parfums, dans quelques liqueurs; on en fait des conserves. Elles donnent, par la distillation,

une eau odorante (*eau rose*), et une huile
essentielle en petite quantité transparente
presque sans couleur, figée à une température ordinaire et très-recherchée pour
son parfum qui se développe par le frottement. La fleur du *rosier à gros-cu* est suivie
d'un fruit rond d'un rouge brun, dont la
pulpe fait une confiture.

CHÊNE, Rouvre, arbre qui acquiert jusqu'à dix pieds de diamètre, 130 pieds de
hauteur, forme de vastes forêts, sur-tout
dans les parties tempérées de l'Europe; vit
des siècles, est utile dans toutes ses parties.
Attaché fortement à la terre par son pivot
profond, il résiste aux orages. Son aspect
plaît, étonne. Symbole de la génération,
de la force, de la durée; consacré aux vertus
civiques, il est digne de devenir dans toute
la France l'arbre de la liberté.

Son *écorce* astringente, pulvérisée, ainsi
que les *cupules* qui portent le gland et la
sciure de son bois, servent à tanner les cuirs;
l'*écorce* fournit une couleur fauve, remplace
pour le noir dans la teinture et la chapellerie, ses *cupules* et ses *gales*.

Son *bois* dur, solide, sur-tout sur un sol

élevé , graveleux , durcit encore plus en l'écorçant sur pied , ou par son séjour dans l'eau ; il s'y conserve des siècles , y acquiert la couleur , la dureté de l'ébène ; les planches de chêne sont plus solides , mieux veinées , en les refendant sur la *maille*. Ce bois , le plus utile pour toutes les constructions civiles , militaires, navales ; le plus employé par les charpentiers , menuisiers , tonneliers , fournit aussi un bon chauffage , un excellent charbon , des cendres riches en potasse. Il rougit quand il est sur le retour.

Sa *sève* astringente communique ses propriétés à toutes les parties de l'arbre, même aux plantes parasites qu'il nourrit.

Ses *feuilles* d'une belle forme , d'un beau vert , nourrissent les animaux, pourrissent lentement ; entassées, donnent une chaleur plus durable que celle du fumier : elles restent sur l'arbre une grande partie de l'hiver.

Ses *fleurs* printanières gèlent souvent.

Son *fruit* ou gland, enchâssé dans sa cupule , est d'une saveur âpre ; il peut s'adoucir par des lessives , la torréfaction et la germination ; son amande qui rancit promptement , contient de la fécule ; elle a quelquefois servi d'aliment aux hommes.

Le gland frais ou séché nourrit et engraisse les porcs.

Le chêne se multiplie seulement de semences qui doivent être mises dans la terre dès leur maturité ; jeune , il doit être abrité par d'autres plantes ; il se transplante difficilement à cause du pivot de sa racine ; une bonne culture donne au plant de chêne un chevelu qui assure le succès des transplantations ; dans les forêts , ses branches latérales périssent ; isolé , elles doivent être élaguées jeunes ; trop grosses , elles occasionnent des plaies à la tige , qui détruisent son intérieur.

Ses *variétés* sont à péduncule court , long , feuille velue , forme pyramidale. La première improprement appelée mâle , a le bois plus dur.

FOUGÈRE COMMUNE, plante rameuse , vivace , des bois ; multiplie beaucoup ; elle ne peut être détruite , dans les champs , qu'en la coupant à mesure qu'elle pousse. Elle fournit de la litière ; sert à emballer les fruits dans leur transport ; donne en brûlant beaucoup de chaleur ; sa cendre est un bon engrais ; lessivée , elle

3. donne du salin pour les verreries , les salpétreries ; pétrie avec de l'eau , formée en boule , séchée au soleil , calcinée , peut suppléer au savon. La fougère pourrie fait du fumier. Ses racines amères ne contiennent rien de nutritif , quoiqu'elles aient été données quelquefois au lieu de pain : elles sont d'usage en médecine.

4. *AUBÉPINE* , *Épine blanche* , arbrisseau très-épineux , bois très-dur , fleur odorante qui ne corrompt point le poisson comme on le croit ; les animaux mangent ses feuilles ; on fait une boisson fermentée avec ses fruits. L'aubépine croît par-tout, fait d'excellentes haies , se tond bien ; on la multiplie principalement de graines, qui doivent être semées aussitôt qu'elles sont mûres : semées au printemps , elles restent en terre jusqu'à l'année suivante. Ses variétés cultivées sont à feuille panachée , à fleur double , rose , précoce, à fruit jaune.

5. *ROSSIGNOL* , petit oiseau d'Europe ; vit seul , aime l'ombrage et les eaux : le chant du mâle au printemps est très - mélodieux ; le calme de la nuit l'invite à déployer sa voix ; apprivoisé, il chante dans

tous les temps. La femelle, comme celle des autres oiseaux, est silencieuse ; son plumage est moins foncé ; elle fait deux pontes au moins, chacune de quatre à cinq œufs de couleur de bronze. Le rossignol est avide d'insectes ; les vers de farine sont l'appât le plus sûr pour le prendre.

5.

ANCOLIE COMMUNE, plante vivace des bois ; cultivée dans les jardins, y croît aisément ; fleur bleue irrégulière : la culture a produit des variétés dont la fleur est double, verte, blanche, rose ou panachée.

6.

MUGUET, petite plante vivace des bois ; aime l'ombre, racines traçantes, fleur blanche d'une odeur très-suave ; ses variétés sont à fleur double et rouge.

7.

CHAMPIGNON, famille de plantes qui comprend plusieurs genres, un grand nombre d'espèces, de variétés. Elles croissent dans la terre, à sa surface, sur des végétaux vivans, sur des substances animales, végétales en décomposition. Elles diffèrent entre elles par la forme, la grandeur, par la couleur qui varie du blanc au noir :

8.

8.

L'odeur, suave dans les uns, vireuse dans d'autres ;

La saveur, âcre, brûlante, insipide ou agréable ;

La substance, gélatineuse, spongieuse ou ligneuse ;

La qualité, vénéneuse, émétique, astringente ou très-combustible ;

La durée, d'un jour ou de plusieurs années.

Le *mousseron*, la *morille*, l'*oronge*, la *chanterelle*, l'*agaric*, l'*amadou*, la *truffe* et toutes les *moisissures* sont de la famille des champignons, qui tous ont leurs fleurs, leurs graines comme les autres plantes, mais elles ne sont visibles qu'au microscope.

Plusieurs champignons frais, secs ou cuits causent des maladies, d'autres tuent, tous sont de difficile digestion. Les moins malsains des lieux secs, sont dangereux dans les lieux humides, ou le deviennent en se gâtant.

Il n'existe aucun moyen certain de distinguer les moins malfaisans. Le vinaigre calme les douleurs qu'ils causent, mais ne guérit pas : l'émétique est le meilleur remède.

Les champignons se conservent secs, confits au sel ou dans l'huile.

Les plus utiles sont l'agaric qui donne l'amadou, et celui qui arrête les hémorragies. On prend les écureuils avec un appât dans lequel on met de la *vomitive*, espèce d'agaric.

HYACINTHE, Jacinthe, plante vivace, bulbeuse. Deux espèces sont plus connues : l'une de nos bois ; l'autre originaire du Levant, cultivée depuis deux siècles dans les jardins. Les semis ont produit un très-grand nombre de variétés, à fleur simple, double, de toutes couleurs, toutes très-odorantes : les variétés à fleur double ont d'abord été rejetées, et ne sont cultivées au plus que depuis un siècle. L'oignon de cette espèce fleurit bien, placé sur l'eau dans un vase.

RÂTEAU, instrument des champs, des jardins, composé d'un long *manche* qui se fixe par un ou deux points sur le *fût*, pièce de bois, garni sur son épaisseur de dents de fer ou de bois dur. La longueur du fût varie depuis dix pouces jusqu'à trois pieds; celle du manche depuis trois pieds jusqu'à

10.

cinq et demi ; les dents rondes ou plates posées de champ, plus ou moins longues, sont
droites ou courbées, pointues ou obtuses,
rapprochées ou éloignées suivant leur destination. Le râteau sert à ramasser les récoltes, nettoyer les prés, les terres, les
allées ; diviser, égaliser leur surface, en
retirer les pierres, couvrir les semences,
rompre la croûte qui les empêche de lever ;
quatre peuvent suffire dans les jardins ; le
grand, le moyen, le fin, celui à sentier. Le
fauchet, sorte de râteau qui sert à ramasser
le foin, a des dents de bois des deux côtés
de son fût.

11.

. *R H U B A R B E (la vraie)*, grande plante
vivace, originaire de Chine, près la grande
muraille ; feuilles palmées, grosses racines
d'usage en médecine, qui contiennent du
soufre, de la sélénite (sulfate calcaire) bien
sensible lorsqu'elles ont vieilli. Cultivée
en grand, se récolte au bout de quatre années. La rhubarbe réussit sur le sol de la
République. Il existe trois autres espèces de
rhubarbe inférieure à celle-ci : la première
de Tartarie, à feuille compacte, est meilleure
que les deux autres ; la seconde, de la Mer
noire,

11.

noire, nommée *rapontic ;* les pétioles ou queues des feuilles se mangent cuites : la troisième de Moscovie, à feuille ondulée. Toutes trois sont grandes et vivaces ; leurs feuilles cuites à grande eau, peuvent être mangées comme les épinards.

12.

SAINFOIN, Esparcette, plante vivace, à fleur rouge rayée, en épi ; racine pivotante. Il résiste au froid, à la sécheresse ; vient bien dans les terrains sablonneux, pierreux, même argileux, si le fond n'est point trop humide ; dure de trois à six années ; le terrain peut ensuite produire pendant le même espace de temps des grains et autres plantes, en variant annuellement les espèces, relativement à leurs racines. Le sainfoin fournit deux fois par an un fourrage excellent, préférable à la luzerne, mais trop peu abondant. Il convient à tous les animaux ; son excès leur est moins nuisible: ses feuilles coupées en vert, mêlées avec la paille d'avoine, font une bonne nourriture. Pour conserver le sainfoin, on le fauche dans le commencement de sa fleur ; on le garde en meule, en y laissant intérieurement, de peur qu'il ne s'échauffe, un ou

12.

plusieurs conduits perpendiculaires pour le passage de l'air. Après deux ou trois labours, on sème sa graine avec de l'avoine, dont on ne met que moitié de la semence ordinaire. Il faut 12 à 15 boisseaux de graine de sainfoin par arpent ; elle doit être nouvelle : on l'enterre peu. Elle est d'une récolte plus facile que celle de la luzerne ; elle nourrit bien les chevaux.

13.

BÂTON D'OR, plante ligneuse, vivace, toujours verte, variété de la giroflée jaune. Ses fleurs sont doubles, d'un beau jaune, d'une odeur suave, très-serrées le long de la tige qui est ferme et droite : de-là lui vient son nom. Le bâton d'or se multiplie de bouture, est devenu très-rare.

14.

CHAMÉRISIER : cinq espèces d'arbrisseaux ou arbustes de nos montagnes, et deux étrangères cultivées sous ce nom dans nos jardins. La première surnommée à *fruit noir ;* la seconde *des haies ;* la troisième *des Pyrénées ;* la quatrième *des Alpes ;* la cinquième à *fruit bleu ;* la sixième *de Tartarie*, à fleur blanche et rose ; la septième *de Canada*. Leurs fleurs, de la forme de celle du

chèvrefeuille, sont blanches, jaunes, purpurines ; leurs fruits ou baies rouges, en général abondans, restent long-temps sur pied.
Ces arbrisseaux, peu délicats, peuvent former de petites clôtures qui réussiront bien
dans les mauvaises terres ; le bois de l'espèce
des haies fait des tuyaux de pipe.

VER-À-SOIE, chenille originaire
d'Asie, très-intéressante à multiplier, à
étudier. Le ver-à-soie est laborieux, propre,
sans moyen de nuire, a l'odorat fin ; est
incommodé de l'humidité, du froid, du
grand chaud, de l'électricité des orages ;
aime l'air pur, l'obscurité, les parfums
légers, une nourriture abondante, tendre,
veut de l'espace à mesure qu'il grossit,
et une chaleur graduée ; il mange peu quand
il a froid ; peut jeûner quelque temps,
mais ses progrès en sont retardés. Il change
de peau quatre fois ; après un mois et plus
d'existence, il cesse de manger, monte,
cherche à se fixer, attache autour de lui
le fil qui sort de sa bouche et dont la longueur va jusqu'à mille pieds. Il se renferme
ainsi dans un cocon du poids de dix grains environ, entouré d'une bourre *(mauvaise soie)*,

15.

M 2

composé lui-même d'une soie jaune ou blanche, rosée ou céladonne qu'on déroule à l'eau
chaude (*orcansin*). De toutes les matières
propres aux tissus, la soie est la plus forte,
la plus légère, la plus chaude et la plus
belle. Le ver devient *chrysalide*, se dépouille
deux fois dans son cocon, en sort transformé
en papillon mâle ou femelle, vit encore huit
jours. La femelle pond environ cinq cents
œufs ou graines, ensemble du poids de sept à
huit grains ; les bons sont gris-cendrés, rougeâtres, ronds, assez pleins pour enfoncer
dans l'eau, s'écrasent sous l'ongle avec bruit.
A une chaleur graduée de dix-huit à vingt
degrés, ils éclosent du cinquième au dixième
jour avec le concours de l'air. De tous les
moyens artificiels de les faire éclore, une
étuve aérée est préférable. Par-tout où le
mûrier croît, le ver-à-soie peut réussir. Il
ne peut être élevé, avec profit, en France
que renfermé. A la Chine, dans le Bengale,
au Tonquin, où la nature l'a placé, souvent
on le renferme, on le fait éclore artificiellement. La chaleur qui lui convient n'est
point au-dessous de quinze degrés, ni au-
dessus de vingt-cinq ; on ne peut la rendre
égale que par des moyens artificiels ; un feu

de flamme claire , entretenu avec des plantes
aromatiques bien sèches, renouvelle , purifie
l'air ; la qualité de la soie dépend de celle
de la nourriture du ver. La feuille du
mûrier blanc est la plus employée ; celle
du noir le rend plus robuste , mais la soie
en est moins belle ; l'instant de la végétation du mûrier est l'époque pour faire
éclore la graine ; deux mille livres pesant
de ces feuilles sont produites par environ
une toise cube de branches bien garnies ;
cent livres de cocons en sont le produit.
Le ver-à-soie étant jeune , on lui coupe
la feuille ; on lui en donne deux fois par
jour, progressivement jusqu'à six ; elle ne
doit point être mouillée. Dans les petites
éducations une once de graine fournit cent
livres de cocons ; dans les grandes , dix
onces n'en donneront que six cents. On
présente au ver-à-soie , quand il ne mange
plus, de petites branches de genêts, de
bruyères, ou d'autres arbustes; il y monte ,
y attache ses cocons ; cent livres de ces
branches peuvent servir pour cent livres
de cocons : il est possible de faire jusqu'à
trois éducations par an. Si , lorsque le ver
est prêt à filer , on lui ôte sa pelote de

15. matière à soie, cette matière soufflée comme une bulle de savon, se dilate, forme une pellicule mince, transparente, flexible, présente les couleurs de l'opale. D'autres espèces de chenilles fournissent aussi de la soie, mais moins belle, moins solide, plus difficile à travailler.

16. *CONSOUDE (grande)*, plante vivace du bord des eaux ; grandes feuilles que les bestiaux mangent ; la couleur de sa fleur varie ; sa racine grosse, charnue, très-mucilagineuse, est employée en médecine.

17. *PIMPRENELLE*, plante vivace des prés secs ; résiste au froid, à la chaleur ; fournit l'hiver un pâturage très-utile aux bestiaux, rend leur chair ferme, communique au beurre une saveur agréable. Cette plante coupée souvent, donne un feuillage plus tendre, est d'un plus grand produit. Elle se sème en rayon, de bonne heure au printemps ou à l'automne ; est employée pour l'assaisonnement des salades ; il y a une variété à feuille plus large. Une espèce de pimprenelle originaire du Canada, plus grande, doit être préférée dans les terrains frais pour les prairies artificielles.

CORBEILLE-D'OR, plante vivace, | 18.
ligneuse, toujours verte, originaire du
Levant, cultivée dans les jardins ; ses fleurs
jaunes, de longue durée, forment une
touffe régulière, d'où lui est venu son nom.
Elle se sème avec avantage à la fin de l'été.

ARROCHE, *Bonne-Dame*, grande plante | 19.
annuelle, originaire de Tartarie ; résiste
au froid, croît promptement, à peu-près
par-tout ; elle est cultivée dans les potagers ;
ses feuilles aqueuses se mangent jeunes étant
cuites ; il serait utile de la cultiver en grand
comme fourrage ; elle varie à feuilles
blanches, rouges, sanguines.

SARCLOIR, outil de culture, de diffé- | 20.
rentes formes et dimensions ; destiné à
détruire les mauvaises herbes ; le plus utile
est celui qui sert à échardonner ; son fer
recourbé est tranchant vers son bout en
dehors comme en dedans, coupe en tirant
et en poussant.

STATICÉ, *Gason d'Olympe*, plante | 21.
vivace, très-basse ; ses fleurs blanches,
rouges, ou gris de lin, durent long-temps.
On en fait des bordures dans les jardins.

M 4

22.

FRITILLAIRE, plante vivace, bulbeuse; fleur pendante, de la forme d'une petite tulipe, blanche, pourpre, nuancée diversement; une variété marquée par petits carreaux se nomme *Damier*. On la cultive dans les jardins.

23.

BOURRACHE, plante annuelle, originaire d'Alep, très-anciennement cultivée; ses fleurs sont blanches, bleues, ou purpurines; entrent dans les salades. Cette plante jeune contient du nitre; est d'usage en médecine.

24.

VALÉRIANE DES JARDINS, grande plante vivace; croît par-tout, même sur les murailles; fleurs blanches, rouges, odorantes, de longue durée. Parmi plusieurs autres espèces de valériane, on compte principalement celle des bois et celle des marais.

25.

CARPE, poisson d'eau douce, très-fécond; fraye depuis floréal jusqu'en messidor; la femelle pond jusqu'à trois cent mille œufs. La carpe acquiert jusqu'à trois pieds de long, 30 livres de poids; vit très-long-temps; blanchit en vieillissant; la

castration la fait grossir et engraisser : pour
la nourrir hors de l'eau , on la suspend dans
un petit filet sur de la mousse humide , on
lui donne du pain trempé dans du lait : les
plus estimées sont celles de la Saône , de la
Seine , de la Loire et du Rhin.

FUSAIN , Bonnet de prêtre , arbrisseau
des bois ; fleur blanchâtre , fruit rouge , quelquefois blanc , d'une longue durée , employé
dans la teinture ; bois dur , dont on fait
des lardoires , des fuseaux. Des lanières
longues , minces , levées sur le bois sans les
en détacher entièrement , réunies en forme
de balais , servent à chasser les mouches ; les
dessinateurs se font des crayons avec les jeunes branches de fusain , qu'ils réduisent en
charbon dans un tube fermé de fer qu'ils
font rougir au feu. Le fusain croît par-tout,
fait de bonnes haies.

CIVETTE , Cive, Appétit ; petite plante
vivace , bulbeuse , originaire de Sibérie ;
cultivée dans les potagers. Ses feuilles approchent de celles de la ciboule , se mangent
crues ; plus on les coupe , plus elles sont
tendres. On distingue la grande et la petite
civette : on la multiplie en séparant les pieds.

28.   *BUGLOSE*, plante vivace ; racine charnue, mucilagineuse, pivotante ; fleur bleue ; cette plante, d'usage en médecine, contient du nitre : les animaux mangent ses feuilles.

29.   *SÉNEVÉ, Moutarde ;* plante annuelle, cultivée en grand, en terre fraîche ; elle se sème depuis la fin de l'hiver jusqu'en germinal, suivant les climats ; se récolte au bout de trois mois, peut se replanter. Elle est employée comme fourrage ; ses feuilles naissantes se mangent en salade. Ses graines d'un brun foncé font la moutarde ; on en fait de l'huile bonne à brûler et employée dans les arts. On cultive une variété à graine blanche, plus grosse, plus abondante en huile.

30.   *HOULETTE*, instrument de bergerie et de jardinage. La houlette du berger est formée d'un long bâton, terminé à son extrémité supérieure par un crochet de fer qui sert à arrêter les moutons, en les saisissant par les jambes ; à son extrémité inférieure, par une petite pelle de fer, avec laquelle on ramasse des mottes de terre

qu'on jette aux moutons pour les rassembler, et au chien pour le dresser.

La *heulette* du jardinier est formée d'un
manche de bois plus ou moins long, terminé par un fer de diverse grandeur, arrondi, pointu ou carré. Elle sert à planter
ou lever des plantes ; elle est préférable au
plantoir, sur-tout lorsque les racines ont
besoin d'être étendues.

JOURS.

30.

PRAIRIAL,

Mois des prairies.

1. *LUZERNE*, plante vivace; racine profondément pivotante; fleur bleue. Elle craint l'humidité; réussit moins bien dans les climats chauds et froids, que dans les climats et les expositions tempérés; aime une terre profonde; produit chaque année de deux à trois récoltes d'un fourrage abondant, sain en vert, en sec, qui convient aux chevaux, à tous les bestiaux. La durée d'une luzernière est de 5 à 9 ans; le sol peut ensuite produire du grain sans engrais.

2. *HÉMÉROCALLE*, plante vivace à fleur rouge papilionacée, qui fournit aux abeilles un miel abondant. Sa racine donne une fécule. On compte deux espèces; l'une vulgairement appelée le lys de *Sibérie*, fleur jaune, odeur de jonquille; l'autre plus grande, le lys *Asfodel*, du Levant, fleur rouge, terne, jaunâtre.

3. *TREFFLE* cultivé, dure trois ans, vient par-tout, excepté dans les terrains secs; croît

3.

promptement; produit beaucoup : c'est le
meilleur fourrage pour alterner. Il doit être
mêlé avec de la paille pour le faner facilement ; fournit aux abeilles une abondante
récolte de miel. Pâturé frais immodérement,
est nuisible. On ne doit le faire pâturer
ni a la rosée, ni chargé d'eau. Le froment
lui succède avec avantage. On cultive dans
le midi un trefle annuel.

4.

ANGÉLIQUE, grande plante bisannuelle
des lieux humides, naturelle en *Laponie*,
en *Autriche*, sur les bords du Volga; est
cultivée en grand sur-tout à *Niort*. On la
mange crue, blanchie, confite au sucre ;
on fait avec la graine des dragées, du ratafiat.

5.

CANARD, oiseau aquatique sauvage,
domestique ; pattes courtes, très en arrière ;
doigts réunis par une membrane ; démarche
lourde ; bec large, aplati, obtus, garni
intérieurement de lames qui lui servent à la
mastication ; bruyant, barboteur, vorace ;
croît vite ; est d'un grand produit ; sa chair
de difficile digestion, de bon goût, sur-
tout lorsqu'il a pu se livrer à son naturel
pour l'eau ; quelques plumes retroussées,

5.

frisées à la queue du mâle, le distinguent de la femelle qui est plus petite. La canne pond 15 à 20 œufs aussi bons, mais à coque plus dure que ceux de la poule. Les canetons vont à l'eau en naissant, même étant couvés et conduits par une poule. Le canard a une gloutonnerie qui lui est souvent funeste. On l'engraisse en le renfermant dans une mue en partie plongée dans l'eau. On a l'art de faire acquérir un très-gros volume au foie.

Le canard sauvage a fourni le domestique auquel il se mêle volontiers ; il vit en troupe sur les étangs voisins des lieux habités. La troupe ne descend qu'après avoir reçu le signal de sécurité de ceux qui vont en avant comme *éclaireurs ;* il a l'ouïe, l'odorat très-fins ; on le prend à l'hameçon, aux lacs tendus dans les grands joncs. Le chasseur prudent, placé en opposition de la lune et du vent, peut en surprendre un grand nombre. Sa chair plus estimée que celle du domestique. Souvent la canne sauvage fait sa ponte sur la tête d'un arbre ; descend ses petits en les portant avec son bec dans l'eau voisine ; les habitans du Nord attachent près des grandes eaux de petits caissons aux arbres, et y mettent un ou deux œufs de canne pour y attirer les pondeuses; ils les visitent à la ponte, et en retirent les nouveaux œufs par le fond qui est à bascule.

On connaît plusieurs variétés : le *bec crochu* ; la *tête noire* ; la *tête levée* ; le canard qui donne l'*édredon* ; celui de *Madagascar* ; de *Barbarie*, ou mieux, le canard *musqué*, ayant des tubercules charnus sur la tête, plus gros, plus beau, plus propre, plus paisible, et aussi bon que le domestique ; il devrait être multiplié de préférence à tout autre.

MÉLISSE, plante vivace du sud de la France; fleur blanche, labiée; odeur de citron; elle entre dans la composition de l eau de mélisse.

FROMENTAL, grande plante graminée, vivace, à panicule avennacée; fourrage productif, bon ; aime les terrains frais ; diffère du *ray-grass*, espèce basse de graminée, dont l'épi étroit a la forme de l'*ivraie*.

MARTAGON, lys à fleurs pendantes, renversées : cinq espèces, beaucoup de

8. variétés. Racine charnue, écailleuse, vivace, se mange en Sibérie. La poussière des étamines fournirait une belle couleur aux peintres en miniature.

9. *SERPOLET*, espèce de thym, plante grêle, rampante, vivace, très-aromatique, camphrée. Variétés à larges feuilles ; velue, panachée: odeur de citron ; à fleurs blanches. Cette plante est l'indice d'un sol aride. Les lapins qui la broutent ont un meilleur goût.

10. *FAULX*, instrument aratoire servant à couper près de terre l'herbe des prairies, les blés, le chaume. Le tranchant est mince, terminé en pointe, un peu courbé, soutenu dans toute sa longueur par un ourlet. Une queue contournée sert à le fixer à un long manche de bois à deux poignées, qu'on saisit à deux mains ; quelquefois on adapte près de l'emmanchement, plusieurs baguettes d'osier qui s'avancent au-dessus de la faulx en suivant sa courbure , pour faucher, rassembler , renverser les plantes d'un même côté, d'un même coup et en former un ondin.

On amincit le tranchant usé , émoussé, en le battant à froid sur une petite enclume ;

un tourne-fil d'acier, une pierre à émouler
réparent les brèches, avivent le tranchant
que le battage rend plus dur, plus durable.
Au lieu de pierre à émouler, on se sert aussi
d'un bois tendre sur lequel on met un
sable fin.

La négligence du gouvernement des
rois à encourager parmi nous les arts vrai-
ment utiles, nous rendait tributaires de
l'étranger. L'Allemagne fournissait à la
France toutes les faulx dont elle avait
besoin. Le régime républicain met au
premier rang l'agriculture et tous les arts
qui la servent : nos fers sont améliorés ;
les aciéries se multiplient ; des faulx se fa-
briquent en France ; des élèves se forment,
et bientôt tout cultivateur trouvera près
de lui tous les instrumens de son travail.

FRAISE, fruit du fraisier, plante basse,
traçante des bois, cultivée dans les jardins ;
elle multiplie beaucoup, pousse de longs
filets qui prennent racine en touchant terre ;
on les retranche soigneusement, on bine,
on arrose. Sa fleur est blanche, agréable,
quelquefois semi-double. La fraise est
parfumée, rouge ou blanche, ronde ou

10.

11.

11.

oblongue, de la grosseur d'une mûre sauvage, quelquefois plus grosse, d'une saveur sucrée, légèrement acidule ; elle porte ses semences à la surface. La qualité du terrain, l'exposition, la culture ajoutent à sa grosseur, à sa beauté, perfectionnent sa saveur, développent son parfum.

En élevant de graine, on obtient des variétés intéressantes, plus abondantes en fruits. On doit semer sur du terreau ou une terre douce bien préparée, unie ; couvrir la semence légèrement de terre, ou mieux, de mousse, de paille froissée ; abriter le semis contre l'ardeur du soleil et les pluies abondantes.

Parmi les nombreuses variétés de fraisiers, on distingue celui des Alpes qui produit abondamment et long-temps. Sa graine semée à la fin de l'hiver ou au commencement du printemps, donne du fruit dès la fin de l'été suivant. Le fraisier-ananas de Caroline, de Bath, et sur-tout celui du Chili, sont remarquables par la grosseur de leur fruit.

Le fraisier du Chili, comme quelques autres espèces, a ses fleurs mâles et femelles séparées sur différens pieds ; nous n'avons en France que la plante femelle. Elle ne produit qu'autant qu'il existe dans son voisinage une autre espèce qui fleurisse en même-temps et la féconde , tels que le fraisier à gros fruit , le *capronier*.

BETOINE , plante officinale vivace , fleur rougeâtre.

12

POIS , plante légumineuse , annuelle , du Sud de l'Europe. Plusieurs variétés à fleurs blanches , à fleurs violettes ou roses ; à rames ou grimpantes ; naine ou sans rames ; à gousse avec ou sans parchemin ; ces derniers encore tendres se mangent avec la cosse. Les pois les plus remarquables par leur qualité , leur produit , sont le *michaut* très-hatif et de toute saison ; semé dès le mois de frimaire , il donne des pois de primeure ; le *quarré fin* , dit *clamart* , excellent et d'un grand rapport ; le gros *quarré blanc* ; le *marly* ; le *sans pareil* ; le *quarré vert* , le plus propre à conserver en sec pour purée ; le *gris* , *pois de brebis* , qui se cultive en grand pour fourrage en vert , en sec ; le *cossat* , bonne nourriture pour les bestiaux.

13. Les pois sont sujets à être piqués par le ver d'un petit charençon noir : on le fait tomber en les criblant fortement au-dessus d'un baquet d'eau, ou en les étendant au soleil et les remuant de temps en temps.

14. *ACACIA (faux)* , grand arbre épineux, originaire de l'Amérique septentrionale ; il croît rapidement, son feuillage est agréable , son ombre légère, ses fleurs blanches très-odorantes. Les jeunes pousses sont bonnes pour les bestiaux ; ses fleurs font un bon sirop ; sa racine douce , sucrée, à l'odeur de la réglisse. Son bois bien veiné , dur , se fend aisément, ne pourrit ni sous l'eau, ni à l'air : on en fait des échalas, des perches à houblon , d'excellens cercles, de très-bonnes chevilles, des pièces de construction pour les moulins et autres machines. En Amérique, on le préfère pour les étambots, les courbes de l'arrière des vaisseaux. Cultivé bas comme l'osier, il fournirait, même dans un sol maigre, à des coupes fréquentes. Une variété sans épine reste basse.

15. *CAILLE ,* oiseau de passage plus petit que

la perdrix grise dont il a la forme, les mœurs. La caille a le vol bas, se nourrit de blé, millet, sarrazin; se tient dans les blés verts, les chaumes; fait son nid sur la terre, pond 16 œufs. Les *cailleteaux* s'apparient de messidor en vendémiaire, s'engraissent promptement. Au bruit du chasseur, la caille se tapit sur terre, ne se lève pas ordinairement quoiqu'il passe fort près d'elle. En imitant son chant avec un *appeau,* on l'attire dans le filet. Sa chair est délicate.

ŒILLET des jardins, plante vivace, toujours verte; fleurs variées, simples, doubles. Les semis de graines bien choisies, fournissent de belles variétés; quelques-unes donnent des fleurs toute l'année. L'œillet se multiplie aussi de marcote, de bouture; craint les fortes gelées. On fait du ratafiat avec les pétales d'une espèce à fleur rouge, qu'on cultive, à cet effet, en grand. Les fleurs simples plaisent aux abeilles.

SUREAU, grand arbrisseau, qui se multiplie de graine, de marcote, de bouture: variétés à feuille découpée, à feuille panachée de jaune, de blanc, à fruit blanc.

N 3

17.

Le bois des vieux pieds est dur, utile au tabletier, supplée au buis ; ses branches servent à faire des lignes à pêcher ; ses fleurs blanches sont recherchées des abeilles, parfument le vinaigre, se mangent frites. Le sureau fait de bonnes haies ; celui du Canada est agréable en bosquet, par la beauté de ses fruits rouges.

18.

PAVOT, plante annuelle, laiteuse ; fleurs simples ou doubles, couleur variée. Les simples sont cultivées en grand pour la graine qui est abondante, se mange verte, donne une émulsion douce, agréable, saine. On fait avec la graine mûre, sèche, l'huile d'*œillette*, bonne à manger, utile aux peintres. Le suc laiteux de la capsule fournit l'*opium*, dans les pays chauds ; c'est la seule partie de la plante qui soit narcotique.

19.

TILLEUL, grand arbre de l'Europe qui acquiert jusqu'à cinq pieds de diamètre ; aime les terrains frais. Il y a des variétés à grandes, à petites feuilles, à bourgeons rouges ou de Hollande. Ses fleurs odorantes sont très-recherchées des abeilles qui en retirent un miel qu'elles séparent soigneusement de celui des autres plantes. Avec la fleur on fait une boisson théiforme ; avec la graine, une sorte de chocolat ; avec la seconde écorce, des cordes, des nattes plus ou moins fines, et des chaussures. Son bois tendre, mou, ploye facilement, sert à la sculpture commune.

FOURCHE, instrument aratoire de deux espèces ; la première en bois, à deux, trois ou quatre branches ordinairement d'une seule pièce ; on durcit les fourchons en les passant au feu. On les arme de cornes de chèvre, afin de les rendre plus durables, plus pénétrans, plus faciles, pour remuer, retourner, mêler, écarter, rassembler, enlever, charger, décharger le foin, la paille, les gerbes. La deuxième en fer, à deux ou trois branches, plus courtes, recourbées, pour remuer, charger, décharger, étendre le fumier, ou pour remuer la terre des jardins, et en retirer les mauvaises herbes avec leurs racines.

BARBEAU, plante annuelle des champs, cultivée dans les jardins ; se sème avant l'hiver dans un terrain léger ; offre beaucoup

N 4

21. de variétés à fleurs bleues, blanches, roses, puces, violettes, panachées.

22. *CAMOMILLE Romaine*, plante vivace, basse, traînante, fleurs simples ou doubles; cultivée dans les jardins : les bestiaux ne l'aiment pas. Les fleurs, sur-tout les doubles, sont employées comme du thé. Elles donnent, par la distillation, une huile essentielle d'un beau bleu.

23. *CHÈVREFEUILLE*, arbrisseau sarmenteux, sauvage, cultivé; fleurs en bouquet agréables, d'une odeur suave, de couleur variée. Ses branches flexibles forment des palissades, grimpent le long des arbres et retombent en guirlandes. L'espèce d'Italie est la plus connue; elle est printanière et se dépouille. Les variétés sont : 1.° une toujours verte à fleurs rougeâtres très-odorantes ; 2.° de Masboix, fleurs odorantes ; 3.° de Hollande, tardive, feuille de chêne, verte, panachée ; 4.° de Virginie, fleurs très-rouges, inodores ; 5.° de Mahon, de l'Amérique septentrionale, fleurs petites.

24. *CAILLELAIT*, plante vivace : deux

espèces; l'une à fleurs jaunes, l'autre à   24.
fleurs blanches. Ses racines fournissent une
couleur semblable à la garance ; elles n'ont
pas, comme on le croit, la propriété de
cailler le lait.

TANCHE, poisson d'eau douce du   25.
genre de la carpe ; corps plus alongé,
couvert de très-petites écailles et d'une mu-
cosité savoneuse, abondante; front plus
large; yeux plus petits ; de très-petits bar-
billons à chaque coin de la bouche; nageoire
de la queue arrondie, sans échancrure ;
onze arêtes à la nageoire de l'anus ; celle
du ventre plus grande dans le mâle; couleur
noirâtre tirant sur le vert, le jaunâtre,
suivant son âge et la qualité des eaux. La
tanche est très-vive, très-vivace ; elle se
plaît dans les fonds limoneux des étangs,
des rivières; multiplie beaucoup : on la
prend à la ligne amorcée de vers dont elle
est très-friande. Sa peau est épaisse ; sa
chair blanche, molasse cuit difficilement,
est peu savoureuse, est indigeste.

JASMIN BLANC, originaire d'Asie,   26.
arbrisseau sarmenteux, cultivé dans les jar-

26. dins; il craint les grands froids; ses fleurs très-odorantes communiquent leur parfum aux huiles grasses, à l'esprit-de-vin. Le jasmin d'Espagne à grandes fleurs se greffe sur le commun.

27. *VERVEINE*, plante annuelle, devenue célèbre dans l'antiquité par le charlatanisme des prêtres.

28. *THYM*, plante basse, ligneuse, très-aromatique, cultivée en bordure dans les jardins; variétés à feuilles larges; contient du camphre; entre dans les parfums; sert d'assaisonnement dans les alimens.

29. *PIVOINE*, plante vivace, fleur simple, double, racines charnues contenant de l'amidon; cultivée dans les jardins. On distingue deux variétés improprement nommées *mâles*, *femelles*. La première a ses feuilles d'un vert foncé, son fruit plus rond, plus gros.

30. *CHARIOT*, *char* à quatre roues, dont les deux antérieures sont plus petites, quelquefois de même grandeur que les postérieures.

Charrette, tombereau, fardier à deux roues, à | 30.

bascule ou non, à timon ou à limonière;
à essieu de fer ou de bois, dont un sert
pour deux roues; ou à essieu plus court,
dont un pour chaque roue. Dans le premier cas, l'essieu est fixé au char, les roues
tournent autour des extrémités; dans le
second, il est fixé dans le moyeu de la roue,
et tourne avec elle. Cette dernière disposition laisse libre le milieu du char, et permet
de descendre le fardeau, pour que le centre
de gravité soit dans la ligne de *tir*. Pour
diminuer le frottement de l'essieu, on l'entoure de petites roulettes placées dans le
moyeu, ou l'on y met du cambouis, de la
graisse. Les Tartares de Crimée emploient
à cet usage le bitume liquide dont ils ont plusieurs sources. Le diamètre des roues devrait
être tel que le centre répondît à la poitrine
de l'animal. Les jantes larges de 9, 12, 15
pouces, sont préférables pour applanir,
consolider, conserver les chemins. On fait
des roues à une seule jante, en recourbant
la pièce de bois encore verte, ou en la ra-
mollissant à la vapeur de l'eau. En Russie
où ces jantes sont fort communes, les deux
bouts de la pièce de bois recourbée ne se

touchent pas ; on laisse un intervalle d'environ deux pouces. On recouvre la jante de plusieurs ou d'une seule bande de fer forgé ou coulé, fixée avec des clous saillans, ce qui est pernicieux pour les chemins, ou à clous noyés, ou même sans clous.

On attèle au char des chevaux, bœufs, mulets, ânes, en en mettant un, deux, trois ou quatre de front ou de file. Dans cette dernière disposition les animaux sont attachés aux mêmes traits ; les plus ardens ont alors à traîner et le char et les paresseux. Dans quelques endroits les traits de chaque couple viennent se rattacher au timon ; on rassemble, on soutient tous ces traits dans un tuyau aisé de cuir. On peut faire tirer ensemble et de front deux animaux d'inégale force, en les attelant à un même palonnier, plus long du côté de l'animal le moins fort.

MESSIDOR,

Mois des Moissons.

*S*EIGLE*, plante céréale, annuelle. On cultive deux variétés : celle d'hiver, *gros seigle;* celle d'été, *petit seigle.* Il réussit dans les terres légères, meubles et dans les climats froids. Semé de bonne heure, on peut le faucher pour fourrage avant que le tuyau monte ; il repousse ensuite sans que la récolte en souffre, sur-tout s'il survient de la pluie peu de temps après. Le seigle voulant être confié à une terre sèche et le froment à une terre mouillée, on a tort de les mêler en les semant pour faire du *meteil* ou *conseigle*; l'un des deux manque ordinairement ; ils ne mûrissent pas également et la mouture s'en fait mal : il vaut mieux les semer, les moudre séparément, mêler ensuite les farines ; elles donnent un pain savoureux, long-temps frais. Le seigle bien mûr donne moins de son, plus de farine.

Dans le Nord, on préfère pour le pain,

1.

1.

le seigle au froment. On en fait des galettes dures comme le *biscuit de mer ;* elles se conservent toute l'année.

Le grain mis à germer, ensuite passé au *touroir*, est réduit en une farine rousse, sucrée, qui se conserve et sert dans les voyages. En la pétrissant avec de l'huile, du lait ou des sucs de fruits, selon la saison, les ressources, on la mange dans le Nord, sans autre apprêt et sans être cuite : elle est très-nourrissante. Avec de l'eau, elle fermente, donne de l'eau-de-vie par la distillation. Le seigle entre dans le café, dans le pain-d'épice. Lorsque le seigle ne mûrit pas, on le sèche au four, on sépare le grain non mûr qu'on mange en hiver, préparé comme des petits pois.

La paille longue, flexible, soignée dans le battage, sert à attacher la vigne, les jeunes arbres; à faire des liens, empailler des chaises, couvrir les habitations. Pour rendre ces couvertures plus solides, plus unies, et les mettre à l'abri du feu, on trempe la paille verticalement dans de la terre glaise délayée, et après l'avoir placée, on fait un enduit général avec la même terre.

Le seigle est sujet à une maladie; le grain

grossit dans l'épi, s'alonge quelquefois de
plus d'un pouce, se courbe ; c'est l'*ergot*
noir en dehors, blanc en dedans, ferme :
il est dangereux pour les hommes et les
animaux.

AVOINE, plante céréale, annuelle. — 2.
Deux espèces sont cultivées : la *commune,*
la *nue.* La première donne les variétés
noire, blanche, blanche du Nord. Il y a une
noire d'hiver et une de printemps ; la blanche
se sème dans cette saison ; la blanche du
Nord, en automne dans les climats tempérés
et au Sud ; au printemps, dans le Nord et
le Sud. La *nue* quitte facilement sa balle,
se sème avant et après l'hiver.

L'avoine fauchée ne doit pas javeler ; sa
paille verte, sèche, convient aux bestiaux,
sur-tout aux vaches. Son grain a peu de
farine ; on en fait des gruaux, du pain,
de la bierre, de l'eau-de-vie ; il excite les
poules à pondre, fait une bonne nourriture pour les chevaux, les soutient dans
le travail. On ne doit pas les faire boire
après qu'ils en ont mangé.

OIGNON, plante bisannuelle, potagère, — 3.

3.

bulbeuse, originaire d'Afrique : variétés,
rouge, pâle, blanc, rouge et blanc (oblong),
blanc de Florence, hatif et rond, prolifère,
ou qui donne des bulbes sur sa tige ; saveur
forte et piquante, sur-tout dans le Nord ;
plus douce au Midi. L'oignon contient du
sucre et du soufre ; se mange cru, cuit,
confit ; assaisonne les mets : les variétés
rondes, rouges, pâles et blanches, sont les
plus cultivées ; la rouge se conserve plus
long-temps, a un peu plus d'âcreté.

4.

VÉRONIQUE, Thé d'Europe, improprement nommée mâle ; plante vivace, rampante des bois ; fleurs en épi bleu ; peut
se cultiver dans les jardins, est d'usage en
médecine.

5.

MULET, produit de l'âne et de la jument ;
bardeau, produit du cheval et de l'ânesse,
espèce mélangée.

Le mulet est plus grand, plus gros, a
l'avant-main mieux fait, l'encolure plus belle,
mieux fournie, les côtes plus arrondies, la
croupe plus pleine, la hanche plus unie.

Le bardeau a l'encolure plus mince, le
dos plus tranchant, la croupe plus pointue
et avalée.

L'un

| 5.

L'un et l'autre tiennent plus de leur mère que de leur père pour la grandeur et la forme du corps.

Le mulet a la tête plus courte, plus grosse que celle du cheval, les oreilles plus longues, la queue presque nue, les jambes sèches comme l'âne.

Le bardeau a la tête plus longue, moins grosse à proportion que celle de l'âne, les oreilles plus courtes, la queue garnie de crin, les jambes fournies comme le cheval.

L'un et l'autre tiennent plus de leur père que de leur mère par la tête et les extrémités du corps.

Le mulet est sobre, peu maladif; soutient de longues fatigues, porte de gros fardeaux, a le pied sûr; va hardiment sur le bord des précipices, dans les montagnes, les mauvais pas, si on l'y accoutume jeune. Il est craintif, rusé, souvent capricieux. Le mulet est plus fort pour le travail, la mule préférable pour la monture.

Dans les climats chauds, le mulet peut engendrer, la mule peut produire, mais rarement.

ROMARIN, arbrisseau du midi de la | 6.

O

6. France, toujours vert, très-aromatique, cultivé dans les jardins; craint le grand froid; fournit beaucoup aux abeilles; donne une huile essentielle, qui peut remplacer le camphre; entre dans les parfums; assaisonne certains mets; vient aisément de bouture.

7. CONCOMBRE, plante cucurbitacée, annuelle. Ses variétés sont le blanc, le jaune, celui à gros fruits; des variétés hatives donnent un fruit plus petit; une verte dite *à cornichon* se blanchit et se confit au vinaigre, au sel. L'usage du cuivre pour augmenter, conserver leur couleur verte est très-dangereux et sans but. La culture ordinaire fournit des concombres pendant cinq mois; sous le chassis, on en a plus long-temps. Il se mange cru, cuit; ses semences donnent de l'huile, font partie des quatre semences froides.

8. ÉCHALOTTE, plante vivace, bulbeuse, potagère, originaire de Palestine; demande une terre légère; se plante plus avantageusement avant qu'après l'hiver; sert d'assaisonnement aux alimens; a une saveur moins

forte que l'ail, l'oignon. Quelques variétés
sont plus grosses ; mais la petite se conserve
plus long-temps.

8.

ABSINTHE, plante vivace, ligneuse,
très-amère, aromatique, cultivée dans les
jardins. Elle assaisonne les boissons fermentées, notamment la bière ; on en fait un vin
médicinal et une liqueur de table.

9.

FAUCILLE, instrument du moissonneur :
lame mince de fer et d'acier courbée dans
son plan en demi-cercle plus ou moins
ouvert, pointue par un bout, emmanchée
par l'autre dans le même plan, ou dans un
plan parallèle ; cette dernière manière fatigue
moins l'ouvrier, coupe la paille de plus près.
La longueur, la largeur de la lame varient suivant les lieux ; elle est sans dents au tranchant,
ou avec des dents très-fines sur une seule face,
inclinées du côté du manche. On en fabrique
dans plusieurs départemens. Cet instrument
est plus usité qu'aucun autre pour *scier* les *blés*.

10.

CORIANDRE, plante annuelle, originaire d'Italie, cultivée en grand ; fraîche,
son odeur est désagréable ; sa graine

11.

11. sèche est agréable, aromatique. On l'emploie dans la bière blanche, les ratafias : on en fait des dragées. Elle se sème avec plus de succès avant l'hiver, sur-tout dans les parties tempérées et méridionales.

12. *ARTICHAUD*, plante vivace, de la famille des chardons, originaire de Barbarie. Ses variétés sont le vert, le blanc, le violet, le sucré de Gênes. Il craint le froid. Le cul de l'artichaud se mange cru, cuit ; se conserve desséché après une demi-cuisson, ou confit au sel. La côte des feuilles de la plante blanchies à la manière des cardons, se mange aussi. L'artichaud se multiplie de graines, d'œilletons, de drageons ; de graine, est sujet à dégénérer, sur-tout les petites variétés. La graine de deux à trois ans dégénère moins ; elle lève encore la sixième année.

13. *GIROFLÉE (grosse espèce)*, plante bisannuelle, du sud de l'Europe ; fleurs simples ou doubles, blanches, rouges, violettes, ou couleur de chair, d'une odeur agréable ; variété à grand rameau, a l'odeur du géroflé. La giroflée orne les jardins ; craint le froid.

LAVANDE (*commune*), arbuste très-aromatique, du sud de la France, à fleurs bleues, blanches. Elle craint le grand froid, est cultivée dans les jardins ; entre dans les parfums ; donne à la distillation une eau odorante, une huile essentielle.

CHAMOIS, *Ysar*, quadrupède de la grandeur de la chèvre, à pied fourchu, jambes hautes, dégagées, poil extérieur rude, court, fauve, brunissant avec le froid ; poil intérieur plus court, fin, touffu ; cornes de 6 à 9 pouces, noires, inclinées en avant, droites, pointues, le bout recourbé ; yeux grands, ronds, pleins de feu ; odorat, ouïe très-fins.

Il habite la région des neiges, les rochers sourcilleux, les plus hautes forêts de sapins, mélèses, hêtres ; craint la chaleur et le froid excessif ; cherche en été le nord des montagnes, et en hiver le midi, les vallons ; va à la pâture le matin, le soir, jamais dans le jour ; se nourrit des parties tendres, délicates des plantes aromatiques, chaudes, comme de la *carline*, du *génipi* ; en hiver, gratte la neige pour découvrir des feuilles ;

boit peu, rumine, lèche les rochers sal-
pétrés jusqu'à les creuser.

Les chamois vont par troupeau de 5, 10,
20 et jusqu'à 100 ; les gros mâles s'en
tiennent éloignés. Ils entrent en rut vers
brumaire ; ont alors l'odeur du bouc, mais
plus forte. La femelle prend le mâle à un
an et demi, porte environ cinq mois, un
quelquefois deux petits. Le chamois a un
bêlement fréquent et fort bas, la femelle s'en
sert pour appeler ses petits.

Il est vif, agile, vigoureux, timide ;
s'élance de rocher en rocher ; en bondis-
sant deux ou trois fois sur leur escarpement
le plus rapide, il se précipite de 20 à 30
pieds de hauteur ; il marche d'un pas ferme
sur la glace, si elle n'est pas trop unie.

Le plus léger bruit fixe son attention ;
il peut sentir un homme de demi-lieue à la
faveur du vent ; il est alors inquiet, cherche
de l'œil, en s'élevant sur une éminence,
ce qui frape son oreille, son odorat ; jette
l'alarme dans le troupeau en poussant un
siflement très-aigu, prolongé ; frape la terre
du pied ; et aussitôt qu'il découvre quelque chose, il fuit, et toute la bande avec lui.

Sa chasse est difficile, pénible, périlleuse; 15.
le chien ne peut le suivre dans les précipices.
Le chasseur doit être adroit, intrépide,
patient, infatigable. On l'atteint à l'aide
d'une carabine rayée, chargée à balle forcée,
à deux coups dans un même canon. Sa chair
est bonne à manger; il donne 10 à 12 livres
d'un suif excellent; son sang est recherché;
ses cornes se détachent aisément de leur noyau
et sont employées; sa peau bien préparée, est
forte, nerveuse, souple, très-estimée pour
faire des gants, des vestes, des culottes de
fatigue.

Le chamois se mêle quelquefois de lui-
même aux chèvres; comme elles, est sujet
au vertige; il descend alors dans les pâturages, et se laisse prendre. Il peut s'apprivoiser, vivre avec les chèvres, en prendre
les mœurs. Il vit de 20 à 30 ans.

TABAC, plante annuelle, originaire de   16.
l'Amérique méridionale, en Europe depuis
1560; demande une bonne terre, multiplie beaucoup. Sa culture, la récolte de
ses feuilles, leur dessication, leur préparation exigent de très-grands soins, occupent

16. beaucoup de bras de tout âge, font tort à d'autres cultures plus utiles. Il y a une variété à feuilles étroites, une autre, appelée tabac du Mexique ou rustique : tous les noms du commerce se rapportent à la première. Le tabac de *Clérac*, de *Tonneins-la-Montagne*, jouissent d'une grande réputation. La feuille séparée de sa *côte* ou *nervure*, et préparée, se mâche, se fume, ou se prend en poudre ; on fait avec la côte un tabac de moindre qualité et moins foncé en couleur. La fumée de tabac fait périr les insectes ; ses tiges, ses côtes brûlées, donnent beaucoup de potasse. Sa graine est très-fine, abondante, et fournit de l'huile.

Elle doit être semée en terre bien préparée et peu couverte.

17. *GROSEILLE,* fruit du groseiller arbuste, dont trois espèces sont cultivées dans les jardins : la première originaire des bois, à fruits rouges, couleur de chair, ou blancs en grappes, qu'on peut conserver sur la tige, sans se dessécher, jusqu'au commencement de brumaire, en les empaillant un peu avant la maturité : ils perdent de leur

acidité. On mange ces groseilles fraîches, 17.
en gelée ou confites au sucre; on en fait
du sirop et du vin.

La seconde espèce est le *cassis* originaire
des bois humides, à fruits noirs en grappes,
dont on fait un ratafiat, en y ajoutant une
poignée de ses feuilles.

La troisième épineuse donne la groseille à
maquereau auquel elle sert d'assaisonnement
en place de verjus.

Ce fruit qui varie en forme, couleur,
saveur, a sa peau lisse, ou couverte de poils;
il se mange frais, cuit, et fournit une boisson
fermentée très-agréable.

GESSE, plante annuelle, cultivée en 18.
grand pour sa graine, dont on nourrit la
volaille, les pigeons, et pour le fourrage
qu'elle fournit aux bestiaux. Une variété à
fleur, à fruits blancs, improprement appelée
lentille d'Espagne, se mange en vert comme
les petits pois; sèche, fait une bonne purée.

CERISE, fruit à noyau du cerisier, 19.
arbre originaire de l'Asie, de l'Europe,
sauvage, cultivé. Tous les fruits de ce
genre forment deux divisions.

19.

1.º Les cerises en cœur, *merise, guigne; bigarot;* chair ferme, cassante, douce : les arbres de cette division sont plus élevés, plus gros, moins garnis que ceux de la suivante.

2.º Les cerises rondes, *cerise* proprement dite, *griote.* La *cerise* varie du rouge foncé au rouge pâle ; il y en a d'ambrée, de jaunâtre ; sa saveur est plus ou moins douce, acide : la *griotte* est noirâtre, sucrée.

Ce fruit donne de prairial en fructidor ; se mange cru, cuit, confit au sucre, à l'eau-de-vie ; se conserve sec : on en fait du vin, de l'eau-de-vie *(kirschvasser)*, et du ratafiat.

On greffe ordinairement les cerisiers en fente, en écusson, sur merisier et sur leur espèce levée de noyaux, de drageons ; on préfère le merisier pour avoir de grands arbres ; l'écusson reprend mieux sur le merisier à fruit rouge que sur celui à fruit noir.

Les cerisiers venus de noyau peuvent donner des variétés intéressantes.

20.

PARC, enceinte faite dans les champs pour renfermer pendant la nuit, les bêtes à laine, à l'aide de claies mobiles, légères, en

branches tressées, ou autrement, soutenues
par des piquets, et assez élevées pour être
inaccessibles aux loups; il doit être changé
de place au moins chaque jour. L'usage du
parc, si utile à la santé des moutons et à
l'engrais des terres , sur-tout lorsque le
labour suit immédiatement, devrait être
adopté dans tous les départemens.

MENTHE : deux espèces ; vivace, cultivée dans les jardins ; l'une, le *baume* très-aromatique, se mange dans les salades; l'autre,
la *menthe poivrée ,* saveur piquante , aromatique, fournit beaucoup d'huile essentielle
avec laquelle on fait des pastilles qui laissent
dans la bouche une sensation de fraîcheur.

CUMIN, plante annuelle, originaire
d'Égypte ; graine très-chaude, aromatique;
cultivée en grand à Malthe ; les pigeons l'aiment beaucoup. Il ne faut pas le confondre
avec le cumin recherché par les Suisses et
les Allemands, qui est le *carvi.*

HARICOT, plante légumineuse, annuelle, originaire de l'Inde, sensible au
froid, grimpante sur des rames , ou basse et

20.

21.

22.

23.

23. sans rames ; semences ordinairement en rognons, contenues dans une gousse avec ou sans parchemin, de couleur, de grosseur différentes. On compte plus de cinquante variétés.

L'haricot vert se mange cuit, se conserve confit, séché. L'haricot mûr se conserve dans sa gousse, ou écossé ; n'est attaqué par aucun insecte, se mange cuit, se réduit en farine pour les voyages, se conserve plusieurs années dans cet état. La farine d'haricot fait un mauvais pain et une bonne purée.

24. *ORCANÈTE*, petite plante du sud de la France ; racine pivotante, dont l'extérieur fournit une couleur rouge à la teinture et autres arts ; les ébénistes la font bouillir dans l'huile pour en colorier leurs bois.

25. *PINTADE*, *Poule perlée*, originaire d'Afrique : oiseau de basse-cour ; tête petite, nue, surmontée d'une corne, d'une callosité ou d'une huppe ; bec court, fort, en cône recourbé ; corps arrondi sur le dos ; la queue pendante en continue la courbure ; plumage marqué de petites taches rondes.

Elle est hardie, inquiète, pétulante ; attaque les poules, les dindons à coups de bec, les met en fuite ; est criarde ; se perche pour dormir ; s'apprivoise très-bien. La femelle sauvage pond dix à douze œufs à terre, dans les broussailles. La femelle domestique dépose dans son nid jusqu'à cent cinquante œufs, pourvu qu'il en reste toujours quelques-uns. Ils sont d'un rouge blanchâtre, tachetés, plus petits, plus arrondis que ceux de la poule ; la coque en est épaisse. La chair de la pintade, sur-tout celle des pintadeaux, est très-estimée.

25.

SAUGE, arbuste toujours vert, aromatique, du sud de la France ; à grandes, moyennes ou petites feuilles ; à fleurs bleues, blanches ou panachées. Elle craint le très-grand froid ; entre comme assaisonnement dans plusieurs mets, sert à parfumer, fournit par la distillation une huile essentielle.

26.

AIL, plante vivace, bulbeuse, potagère, originaire de Sicile ; ses racines, ses feuilles ont une odeur pénétrante. L'ail est cultivé en grand, se mange cru, cuit ; assaisonne les viandes, est plus âcre dans

27.

27. le Nord, fait un objet de commerce dans le Midi. Il contient du soufre tout formé.

28. *V E S C E ,* plante légumineuse annuelle, cultivée en grand pour sa graine qui est la nourriture principale des pigeons. Mêlée en petite quantité à l'avoine, elle en augmente, pour les chevaux, la qualité fortifiante. La plante fait un bon fourrage en vert, en sec, sur-tout pour les agneaux ; le grain semé après la vesce est moins beau qu'après le trèfle. Il y a une variété d'hiver, une autre de printemps, et une à graine blanche dont on fait une purée saine. La vesce enterrée lorsque la fleur paraît, fait engrais.

29. *B L É , bled,* nom de toute la famille des céréales qu'on donne aussi, mais improprement, au *froment* qui fait le sujet de cet article.

On compte plusieurs espèces ou variétés de froment :

1.° Le printanier ou *marsin ;* il supplée à celui d'automne ;

2.° Le printanier de Pologne à longue barbe ; il croît vite, produit plus dans les climats chauds et tempérés , en le semant en automne ;

3.° Le froment d'automne, de printemps à barbe variable ;

4.° Celui d'automne à barbe très-courte ou sans barbe ;

5.° Le froment renflé d'automne avec ou sans barbe ;

6.° L'*epeautre* d'automne , de printemps avec ou sans barbe , à une seule loge , à épi blanc , rouge.

On doit ajouter le *bled de Smirne* ou *d'abondance* qui exige une terre excellente, se sème très-clair en automne , au printemps, doit être plus enterré que les autres. Les oiseaux en font un grand dégat ; il est sujet à dégénérer.

La *tourzelle* est regardée comme une variété du froment.

Celui d'automne se sème de vendémiaire en frimaire , même en nivôse ; celui de printemps se sème en ventôse. On préfère celui d'automne à grain et épis blancs sans barbe ; froment de Barbarie à paille pleine.

Le froment est sujet à deux maladies :

1.° *La carie* connue sous les noms de

29.

cloque, loque, chambuque; poussière fine, d'un brun foncé, odeur fétide, grasse au toucher, s'attachant à tout, contagieuse, attaque l'épi; on l'en garantit par un bon chaulage de la semence;

2.° Le *charbon*, poussière fine, noire, sèche, légère, que le vent emporte; il ne reste que le squelette de l'épi; elle n'est pas contagieuse.

Le froment se sépare aisément de sa balle, contient plus que tout autre grain de la *matière sucrée*, de l'*amidon*; il contient en outre un *gluten* : aussi est-il le plus propre

1.° A donner de l'*eau-de-vie*; mais cet usage serait un crime au milieu de nos riches vignobles qui produisent une eau-de-vie supérieure;

2.° A faire de l'*amidon*; plusieurs plantes très-communes dans tous nos climats, et encore inutiles, abondent en amidon, et doivent pour cet usage remplacer le froment;

3.° A faire un très-*beau pain*, le *biscuit de mer* qui se conserve le mieux, de bonnes pâtisseries, le *vermicelle*, les *lazanes*, &c.

C'est à cette troisième destination que doit

doit être consacré tout le froment de la
République, qui ne doit plus permettre
qu'on enlève à l'utile ouvrier une partie de
son pain, pour le convertir en eau-de-vie
inférieure à celle du vin, et en amidon qu'on
peut se procurer autrement et à moindre
frais pour fournir aux besoins moins pressans de la toilette.

La mouture économique retire huit
produits distincts du froment. On peut
obtenir de 85 à 90 livres de farine par
quintal. Pour connaître l'état d'une farine,
on en fait une boulette qu'on pétrit ensuite
dans la main, sous un petit jet d'une eau
propre, froide ; l'amidon, la matière sucrée ,
le son s'écoulent avec l'eau ; il reste une
matière tenace, élastique, collante, c'est
le *gluten* qui abonde dans les bonnes farines,
diminue, disparaît dans celles qui s'altèrent.
La paille nourrit les animaux, couvre des
habitations, sert à d'autres usages.

CHALÉMIE, Cornemuse, Chèvre, instrument à vent de musique champêtre composé
d'un chalumeau, de deux bourdons inégaux
à l'unisson, d'un porte-vent et d'un sac
de peau destiné à donner un vent continu

P

30.

en soulageant celui qui en joue. La *musette* n'est que la cornemuse perfectionnée.

Que les enfans de l'égalité se rassemblent les décadis pour chanter l'amour de la patrie, les vertus, le courage, les victoires de ceux qui la servent et la défendent, et pour danser au son de la chalémie, sous l'arbre de la liberté!

THERMIDOR,

Mois de la Chaleur.

ÉPEAUTRE, espèce de froment d'automne, de printemps, à épi blanc ou rouge, avec ou sans barbe. On distingue une grande, une petite variété. Le grain de la première adhère à la balle, donne beaucoup de son et une farine dont on fait un pain de bon goût, très-blanc, léger, mais qui sèche promptement ; elle est recherchée pour la pâtisserie.

L'épeautre réussit dans les terres légères, est long-temps à mûrir, doit être semé de bonne heure. Les bestiaux se soucient peu de sa paille ; sa balle mêlée avec un peu d'avoine, fait une bonne nourriture pour les chevaux.

1.

BOUILLON-BLANC, *Moline*, plante bisannuelle, des lieux secs ; beau port ; belles feuilles couvertes d'un duvet ; fleurs jaunes, odorantes, attachées en pyramide sur une tige droite, forte. Cette plante mériterait d'être cultivée dans les jardins ; elle est d'usage en médecine.

2.

MELON, plante cucurbitacée, rampante, annuelle, à fleurs mâles et femelles séparées sur le même pied, originaire d'Afrique, cultivée dans les jardins. Le fruit porte le nom de la plante. Le melon aime la chaleur, la sécheresse, veut une terre substantielle, amendée, ameublie. Dans les climats tempérés, froids, on le cultive sous cloches, vitraux, ou mieux, sous châssis. Les fleurs femelles sont suivies de fruit, lorsqu'elles ont été fécondées par la poussière des fleurs mâles ; si l'on coupe celles-ci trop-tôt, les premières restent stériles. On garantit le melon de l'humidité de la terre, et l'on aide à sa maturité en le plaçant sur une tuile, dès qu'il a besoin d'être soutenu. Les variétés nombreuses de cette plante sont dans la forme, la grosseur, la couleur, la broderie des côtes et la saveur du fruit. Les melons dégénèrent lorsque, trop voisins, ils se communiquent la poussière de leurs fleurs, ou peuvent recevoir celle de la citrouille, du potiron. Quelques melons pèsent de trois à quatre onces ; d'autres jusqu'à trente-six livres. Le melon le plus commun est le *maraicher* ; ceux de *Coulommier*, de *Honfleur*, sont très-

gros ; le premier est rond, plein , bien brodé ;
le second est long , à côtes peu saillantes,
grosse broderie ; celui-ci est plus franc
lorsqu'il est semé de petites galles sur un
fond vert. Les meilleurs melons sont les
cantaloups remarquables par leurs grosses
galles ; on estime sur-tout ceux de moyenne
grosseur à chair rougeâtre. Il y a des
melons d'hiver à chair verte, à chair
blanche ou *cavaillon*.

Le melon encore vert , petit, se confit
au vinaigre ; mûr, se mange cru. La côte
de melon est bonne confite au sucre. La
graine donne de l'huile ; Les chevaux sont
très-friands de la côte de melon.

IVRAIE, plante graminée , annuelle ,
à épi long , avec ou sans barbe, commune
dans les terres à grain mal préparées, sur-
tout dans les fromens, les orges qui n'ont
pas été soignés. Son nom lui vient de sa
qualité enivrante qu'il communique au pain
où il entre en certaine quantité. C'est
par de bons labours, de fréquens sarclages,
qu'on détruit cette mauvaise plante, qui ,
sous le nom de *zizanie* , est devenue par-
tout l'emblême de la discorde.

3.

4.

5.

BÉLIER, le mâle de la *Brebis*, originaire d'Asie; quadrupède domestique sans analogie dans l'état de nature, si ce n'est peut-être le *Mouflon*. Sa tête est petite, busquée, à deux ou quatre cornes rugueuses, tournées en spirale, quelquefois sans cornes; ses jambes sont déliées, son pied fourchu; sa queue plate épaisse, ou cylindrique et grêle; son corps long de deux à trois pieds, haut jusqu'à trente pouces, est couvert d'un poil lisse grossier, ou d'une *laine* courte, fine, frisée, douce, onctueuse dans quelques races; longue, sèche, forte, soyeuse dans d'autres.

Un bon bélier a l'œil vif, alerte, la tête large, les oreilles courtes, le chignon épais, le cou court, le fanon pendant, le dos large, les hanches bien effacées, les jambes courtes, le corps trapu; sa marche est libre, cadencée, ses mouvemens prompts; sa laine est fine, serrée, huileuse, d'un beau blanc, sans mélange de *jarre* (1); elle couvre le front, le ventre, les bourses, les cuisses et les jambes jusqu'au sabot. La pureté de

____

(1) Poil dur, luisant, cassant, plus ou moins gros; il prend difficilement la teinture.

la race se reconnaît à la ligne séparant les bourses, qui doit être très-marquée.

Le bélier a peu d'intelligence, ne s'anime, ne se passionne que dans l'amour ; alors il *dogue* de la tête, des cornes, prend des habitudes vicieuses contre les autres mâles, les brebis, l'homme même ; il s'élance contre les arbres, les murs, les rochers ; devient dangereux au troupeau, aux enfans, à lui-même, se blesse, périt quelquefois en doguant.

Dès l'âge d'un an il pourrait féconder les brebis ; il se conservera plus long-temps, s'il ne commence qu'à dix-huit mois, deux ans, et si on ne lui donne que vingt, trente, jamais au-delà de cinquante femelles. Il produit jusqu'à huit ans.

Un bon bélier peut, avec des brebis communes, régénérer un troupeau, en éloignant soigneusement ou coupant les agneaux mâles de chaque portée et laissant au troupeau les jeunes femelles. Après trois générations on a une race presque égale à celle du bélier, et les mâles de la quatrième peuvent être employés. La régénération est plus prompte avec des brebis à toison fine.

Les belles races à laine courte sont dans

5.

l'Inde, en Afrique, en Espagne. Il en existe à Rambouillet un superbe troupeau à grand corsage, qui se soutient depuis neuf ans. On en vend tous les ans aux cultivateurs reconnus soigneux. Un troupeau de même qualité, mais de petite taille, se soutient à Montbard depuis trente ans. Cette espèce réussit par-tout où elle trouve une nourriture abondante, non aqueuse.

L'espèce à laine longue réussit mieux dans les climats humides, les terrains herbeux, comme l'Angleterre, la Flandre, la Hollande. La première est plus recherchée. Un beau troupeau de la seconde existe à Boulogne-sur-mer.

Les bergeries étroites, fermées de toute part, sont meurtrières; des hangars, des parcs sont préférables aux étables.

Dès l'âge de deux décades, et jusqu'à cinq mois, on coupe les *agneaux* mâles pour en faire des *moutons*. La castration les rend timides, stupides, craintifs, plus faibles que le bélier. Ils s'effraient de peu de chose, se serrent alors les uns contre les autres, ou fuient tous ensemble. Ils grandissent moins que le bélier; leur laine est plus courte, plus fine; leur chair plus tendre, plus grasse, plus agréable, sur-tout dans les terrains secs, élevés, couverts de plantes aromatiques, dans les terrains salés, et sur le bord de la mer.

Pour conserver une bonne race dans toute sa pureté, on doit réserver les plus beaux agneaux pour la reproduction, et ne faire subir la castration qu'à ceux qui ne sont pas dignes du choix.

Les bêtes à laine stupides, sans défense, exposées à la voracité d'une foule d'ennemis, devaient entrer dans le domaine du plus intelligent de tous : elles fertilisent les champs de l'homme, fournissent à ses besoins ; elles furent le sujet de la première empreinte des monnaies, parce qu'elles furent de bonne heure un objet d'échange et un des plus puissans moyens de la prospérité des nations. *L'agneau* est le symbole de la douceur ; le *mouton* est le symbole d'une imitation stupide et servile ; le *bélier*, chef du troupeau, fut placé parmi les signes du zodiaque, et ouvre le printemps.

C'est au milieu de cette saison que se fait la *tonte* : une forte *toison* en *suint* pèse jusqu'à quinze livres. La laine préparée, cardée, filée, sert à la fabrication des

5. draps, ratines, serges, étamines et autres tissus ; on en fait des bas, des gants, des bonnets tricotés ; des étoffes, des chapeaux, des chaussures, des gibernes, des ceinturons feutrés.

La peau garnie de sa laine fait des pelisses, des manchons, des bonnets. Les fourrures d'Astracan sont des peaux d'agneaux morts-nés dont la laine est courte, noire, fine, luisante, moirée, satinée. La peau du mouton dépouillée de sa laine, préparée diversement fait des gants, des culottes, est employée sous le nom de *bazanne* à couvrir des livres, des porte-feuilles, des meubles ; on en fait aussi le *parchemin* qui a servi à l'écriture avant le papier. Avec les rognures, les ratissures, on fait de la colle pour l'apprêt de la chaîne des étoffes de laine, de coton, et pour coller le papier à écrire.

6. *PRESLE, Queue de cheval.* Sous ce nom sont comprises six espèces ; trois des lieux très-humides, et trois des lieux secs. Elles multiplient beaucoup ; sont difficiles à détruire à cause de leurs racines profondes. Une espèce sert dans plusieurs arts à polir et à récurer.

ARMOISE, plante vivace des lieux incultes ; feuilles très-découpées, très-petites, d'usage en médecine. | 7.

CARTHAME, *Safran bâtard;* plante annuelle, originaire d'Égypte, cultivée en grand ; ses fleurs sèches sont couleur de safran. On en retire un rouge pour les peintres et les femmes ; la teinture emploie le carthame pour teindre en rose, cerise, ponceau ; ses graines blanches, huileuses, connues sous le nom de graines à perroquet, sont bonnes pour la volaille. Le Carthame peut orner les jardins. | 8.

MÛRES; sous ce nom on peut comprendre deux espèces de fruits ; l'un, noir, bon à manger ; l'autre, blanc, sucré, fade, c'est celui du mûrier dont la feuille nourrit les vers-à-soie. Avec la mûre noire, on peut faire un vinaigre ; avec la blanche, un sirop qui suppléerait au sucre. | 9.

ARROSOIR, vase en cuivre, en fer-blanc ou en terre, propre à arroser les plantes dans les jardins. L'eau se verse par un goulot de grosseur, de longueur différentes, ou par une pomme percée de trous, et tombe en pluie afin d'humecter la terre sans la battre. L'arrosoir doit être large, bas. | 10.

11. | *PANIS*, petit millet à épi, annuel, originaire de l'Inde, cultivé en grand pour sa graine qu'on mange préparée de diverses manières. Les oiseaux en sont friands.

12. | *SALICOR*, plante annuelle des côtes maritimes, qu'on multiplie par la culture. Séchée, brûlée à petit feu dans un creux fait en terre, elle donne une *soude* sonnante, d'un gris bleuâtre, qu'on emploie dans la fabrication du savon, du verre, dans les lessives et le dégraissage des étoffes. La soude est une des bases du sel marin ou muriate de soude. On donne aussi le nom de salicor, *salicote*, à la cendre des *kalis*. On ne doit pas confondre la plante salicor avec la *passe-pierre* qu'on confit et qu'on mange comme les cornichons.

13. | *ABRICOT*, fruit à noyau de l'abricotier, arbre originaire d'Arménie, acclimaté dans les pays chauds, tempérés de l'Europe.

Ses variétés sont le précoce, le blanc, le commun, le Portugal, le violet qui est médiocre, l'albergé, l'abricot pêche le plus gros de tous ; sa chair rougeâtre a un goût vineux relevé. Les abricots *Angoumois*, d'Alexandrie, de Provence, de Hollande, ont l'amande douce.

Les noyaux mis en terre à la fin de l'été ou en automne, germent au printemps. On retarde d'un an, si on ne les met qu'après l'hiver. Ils donnent des variétés nouvelles.

L'abricotier se greffe sur *pruniers* ; son fruit est meilleur sur les pruniers *damas rouge*, cerisette.

Les albergés et ceux à amande douce doivent se greffer sur pruniers élevés de noyaux ; sur les autres sujets, ils sont pris par la gomme et ne s'unissent pas.

L'abricot vert est confit avant que son noyau ait durci ; en maturité, on le mange cru, cuit, en compote, en marmelade ; on en fait des confitures, des pâtes sèches qui se conservent long-temps ; on le confit à l'eau-de-vie. Le noyau entier ou cassé entre dans le ratafia de noyau. Son amande fait l'orgeat et peut donner de l'huile.

BASILIC, plante annuelle aromatique, originaire de Perse, aime la chaleur ; on cultive plusieurs variétés dont les feuilles sont violettes, vertes, grandes, petites ou frisées. Le Basilic sec conserve son odeur aromatique, entre comme assaisonnement dans quelques alimens, donne de l'huile essentielle.

BREBIS, la femelle du bélier; sa laine est d'ordinaire plus fine et moins abondante que celle du mâle de même race. Elle peut recevoir le bélier dès l'âge de huit à dix mois; il convient à la conservation de la race, de retarder jusqu'à un an et demi ou deux. Elle entre en chaleur en été; la fin de fructidor est le temps qu'on doit choisir pour la monte, afin qu'elles mettent bas à l'époque où elles pourront manger de nouvelles herbes.

On dégrade un troupeau, si le mâle qu'on allie aux femelles leur est inférieur par la taille, les formes et le lainage.

L'amélioration des laines demande que les brebis soient bien nourries pendant la gestation ou la portée, sur-tout dans les premiers mois qui suivent l'approche du mâle. Les bons cultivateurs leur donnent alors de l'avoine et du son; ils en reçoivent en retour de beaux agneaux, de belles toisons.

La brebis porte cinq mois, un ou deux petits. Dans l'Inde, et en Hollande où il se trouve une race originaire de l'Inde, des brebis portent jusqu'à quatre agneaux.

Elle a quelquefois deux portées dans

l'année, ce qui l'énerve et peut nuire à
l'espèce.

Si une agnelette trop jeune est fécondée,
on fait élever son fruit par une autre, le
nourrissage pouvant lui nuire plus encore
que la gestation.

Le lait de brebis est gras, agréable ; on
en fait des jonchées (fromage blanc) ; le
fromage de Roquefort lui doit sa réputation ; mais en privant les agneaux de leur lait,
on appauvrit l'espèce. Cet usage doit être
combattu par tous les amis de la prospérité
publique, ainsi que l'usage plus funeste
encore de livrer à la boucherie de tendres
agneaux dont la chair est d'ailleurs indigeste
t peu nourrissante.

Un terrain maigre, peu herbeux, ne
convient qu'à la race de petite taille ; on
doit alors s'attacher à la finesse de la laine
plutôt qu'à la quantité. Dix moutons de
grande taille périraient sur un terrain maigre
qui pourrait cependant nourrir cent moutons de la petite taille.

Dans un pâturage riche et sain , on doit
préférer la race à grand corsage , telle que
celle de Rambouillet.

Sur un terrain herbeux, mais frais, on

15.   doit placer la race d'Angleterre, de Flandre, de Hollande. Il existe un troupeau très-considérable de race anglaise, au domaine des frères Delportes, à Boulogne-sur-mer.

16.   *GUIMAUVE*, plante vivace des terres fortes cultivées ou incultes ; sa racine charnue pivotante, très-mucilagineuse, entre par infusion dans la pâte de ce nom, dont la base principale est la gomme arabique. Sa feuille, sa fleur et sa racine sont d'usage en médecine ; sa tige fournirait une filasse qu'on pourrait utiliser.

17.   *LIN*, plante annuelle, cultivée en grand. Semé au printemps, en terre franche bien ameublie. Le lin se récolte en été et laisse la terre libre pour une autre récolte. On peut semer avec le lin quelques racines, comme panais, carottes. Ses tiges donnent une filasse douce, fine, forte, dont on fait les fils, les toiles les plus estimés. La graine est employée pour le mucilage abondant qu'elle contient ; on en retire par expression une huile graffe, très-employée, sur-tout en peinture ; le marc se donne aux bestiaux. Le lin, cultivé pour

la

la graine doit être semé clair, sarclé
et soigné ; pour la filasse, il doit être
semé dru.

A M A N D E, fruit de l'amandier, grand
arbre originaire d'Afrique. L'amande est
douce ou amère ; encore tendre, on en
fait des compotes. On mange les amandes
fraîches, sèches, en dragées, en pâtisseries ;
on en fait une émulsion, de l'orgeat ; on en
retire, par expression, une huile qu'on mêle
avec de l'huile de noix pour les usages
domestiques. Le marc en est employé sous
le nom de pâte d'amande. Ses variétés sont à
petit fruit, coque tendre ou dure, amande
amère ; à *gros fruit,* amandes douces ou
amères.

G E N T I A N E, grande plante vivace,
des montagnes ; racine grosse, charnue,
amère ; feuilles larges ; fleurs en épi,
propres à orner les jardins ; d'un grand
usage en médecine, pour les hommes et
les animaux.

É C L U S E, ouvrage de maçonnerie et
de charpente destiné à retenir, élever,
conduire les eaux, selon le besoin, dans

Q

20.

un canal, une rivière, un port de mer. Elle sert :

1.º A faciliter l'arrosement des terres arides, des prairies ;

2.º A dessécher les marais pour étendre le domaine de l'agriculture ;

3.º A donner le mouvement aux moulins, aux machines des ateliers, des manufactures ;

4.º A empêcher l'invasion de la mer, des grandes eaux, dans une contrée ;

5.º A gonfler les eaux d'un terrain bas pour en faciliter l'écoulement ;

6.º A rendre une rivière navigable ;

7.º A transporter une barque d'une rivière à l'autre, de l'Océan à la Méditerranée, en passant sur le sommet des montagnes, dans le fond des vallées, sur des ponts, des aqueducs et par des canaux souterrains ;

8.º A curer, approfondir les ports, les chenaux. On charge l'écluse à marée haute, on l'ouvre à marée basse ; le courant emporte la vase, le sable ;

9.º A tenir les vaisseaux à flot dans le bassin où on les retire, afin de les garantir de la pourriture ; à remplir ou vider à volonté les formes où on les radoube ;

10.° A introduire l'eau dans les fossés d'une place de guerre, ou en inonder les environs. Ce moyen a été employé pour la première fois, en 1426, pour la défense de Montargis.

C'est vers la fin du seizième siècle qu'on a commencé à se servir des écluses, pour l'avantage du commerce et des places maritimes.

Pour quelques-uns de ces usages, une *digue* et des *vannes* suffisent ; pour les autres, l'écluse est composée :

1.° D'un fondement en pilotis lié par un grillage en bois et de la maçonnerie ;

2.° De deux ailes de maçonnerie appelées *bajoyers*, qui s'élèvent des deux côtés, et laissent entre elles un espace qui est la *chambre* destinée à recevoir une barque, un train de bois, etc.;

3.° D'un *radier* ou plancher formant le sol de la chambre ;

4.° De deux paires de portes busquées, l'une d'*amont*, l'autre d'*aval*, dont les ventaux s'arcboutent mutuellement ; elles ferment la chambre et lui donnent la forme d'un hexagone.

Dans les écluses de mer, on met du côté du rivage, deux paires de portes, afin de partager la pression des eaux;

5.º D'un aqueduc dans les bajoyers, ou d'un guichet dans les portes, pour élever ou baisser l'eau de l'écluse, sans ouvrir les portes;

6.º De cabestans pour ouvrir ou fermer les portes.

Pour élever une barque par le moyen d'une écluse dont la chambre est supposée remplie d'eau, on ferme les portes d'amont; on ouvre l'aqueduc ou le guichet des portes d'aval pour que les eaux de la chambre descendent; lorsqu'elles sont au niveau des eaux basses, on ouvre les portes d'aval pour introduire la barque; on les referme ensuite : on ouvre le guichet d'amont, la chambre se remplit d'eau, la barque s'élève : lorsqu'elle est au niveau des eaux supérieures, on ouvre les portes d'amont, et la barque sort de l'écluse.

Pour descendre, on fait l'opération inverse.

21.　　*CARLINE*, plante vivace, sans tige, des hautes montagnes; son réceptacle

couché par terre est aussi large qu'un arti- 21.
chaut et se mange. La carline est la nourriture du chamois. Elle s'épanouit ou se resserre suivant que l'air est humide ou sec.

CAPRIER, arbuste des terres maigres, 22.
sèches ; belle fleur dont le bouton appelé
capre confit au vinaigre, sert d'assaisonnement : on sépare les petites capres des
grosses, avec un crible. L'usage du cuivre
pour leur donner la couleur verte, est très-
dangereux ; cet arbre craint le froid ; doit
être cultivé dans les endroits exposés au midi.

LENTILLE, petite plante légumineuse, 23.
annuelle, cultivée en grand dans les terres
légères. Elle fait un bon fourrage en vert,
en sec. Lorsqu'elle est mûre on la met en
bottes, qu'on suspend pour la faire sécher
sans qu'elle noircisse; ses gousses alors ne
se vident pas. C'est une mauvaise pratique
que de la faire sécher sur la terre. La graine
fournit une nourriture saine aux hommes,
aux bestiaux ; réduite en farine, on la
mange en purée, ce qui vaut mieux que
de la mêler au froment pour en faire du
pain. Ses variétés sont la *blonde* large, la

JOURS.

23. *rougeâtre* plus petite, plus délicate que les autres. Une petite blonde nommée *lentillon*, est cultivée pour fourrage.

24. *AUNÉE*, plante vivace des lieux humides ; grandes feuilles ; fleurs jaunes ; sa racine, dans certains lieux, se mêle aux alimens, contient du camphre ; elle pourrait être cultivée dans les jardins.

25. *LOUTRE d'eau douce*, quadrupède habitant les rivières, les lacs, les étangs, dans les parties septentrionales et tempérées de l'Europe, l'Asie, l'Amérique.

Elle a la queue épaisse, pointue, aplatie ; la tête petite, plate ; le museau large ; les moustaches longues rudes ; les yeux très-près du nez ; les narines en croissant ; les oreilles petites, rondes ; le cou court, gros ; les cuisses courtes ; cinq doigts unis par une membrane à chaque pied ; le corps effilé, long de deux pieds, couvert d'un poil long, gris-cendré, la pointe d'un brun luisant, et d'un duvet court, touffu, soyeux ; la gorge, la poitrine, le ventre sont d'un gris blanchâtre.

Elle fait son nid sur le rivage, dans le creux d'un rocher, d'un arbre ou dans la terre, en pratiquant une entrée au-dessous de l'eau, un soupirail au-dessus. L'accouplement se fait en pluviôse; la femelle met bas en germinal trois à cinq petits.

Elle marche difficilement, nage bien, plonge, mais ne peut rester long-temps sous l'eau; se nourrit de grenouilles, d'écrevisses, de poissons, dont elle fait un grand dégât, moins pour manger que pour détruire; porte toujours sa proie à terre pour la manger; se nourrit aussi d'herbe, d'écorce d'arbre. Elle est colère, se jette quelquefois sur l'homme, mord et ne lâche prise qu'en perdant la vie.

Les loutres vivent en société; celle qui aperçoit un danger jette un cri; à ce signal toutes plongent dans l'eau.

La chasse en est facile quand elles s'éloignent de l'eau, mais dangereuse pour les chiens. La peau en est meilleure en hiver, fait des gants, des bordures de bonnets; son duvet sert dans la chapellerie; sa chair a le goût de marécage.

La *loutre marine* est une fois plus longue, est légère à la course; nage sur le ventre, le dos, le côté; est alerte et gaie; tendre, ardente en amour; le mâle est fidèle à sa

Q 4

25.

femelle qui porte huit à neuf mois un seul petit avec lequel elle joue sur l'eau , lui est attachée au point de suivre le chasseur qui le lui ravirait ; elle tombe dans le chagrin si elle le perd.

La loutre marine est recherchée pour sa peau , dont le poil touffu, d'un brun luisant, argenté à la pointe , est droit, et peut se coucher dans tous les sens ; le duvet en est épais, jaspé.

26.

MYRTHE, arbrisseau toujours vert des pays méridionaux ; il craint le froid et l'humidité ; ses feuilles très-aromatiques , entrent dans les parfums ; ses baies astringentes servent dans la teinture et la tannerie. Ses variétés sont, à feuilles très-petites ou à grandes feuilles , à feuilles panachées , à fleurs doubles , dans celle-ci la feuille n'a pas d'odeur ; le myrthe à odeur de muscade , le romain ; celui de Tarente et d'Andalousie. Le myrthe donne une huile essentielle par la distillation ; on le multiplie de graines , de boutures , de marcotes ; son bois est dur.

27.

COLZA , espèce de chou , cultivé en grand pour sa graine , qui fournit une huile abondante, bonne à manger , très-employée et confondue mal-à-propos avec celle de navette. Les bonnes terres donnent une récolte abondante ; les terres légères donnent une huile plus fine. Le colza se sème en pépinière en messidor, est replanté en fructidor ; la graine se récolte en messidor suivant, lorsqu'elle est bien mûre ; les bestiaux mangent le marc qui reste après l'extraction de l'huile. Cette plante est une des plus précieuses pour alterner. Cultivée comme fourrage, elle fournit plusieurs récoltes dans l'année.

LUPIN, plante annuelle, originaire du Levant ; fleurs blanches. Cultivé en grand, il réussit dans les mauvaises terres, aime la chaleur ; lorsqu'il commence à fleurir, on peut l'enterrer comme engrais. Ses graines sont amères ; les hommes, les animaux s'en nourrissent. Des variétés à fleurs jaunes odorantes, à fleurs roses ou bleues, sont cultivées dans les jardins.

COTON, duvet qui enveloppe les graines du *cotonier*, plante annuelle ou vivace de la famille des *malvacées*, formant un *arbre*, ou simplement *herbacée* ; fleurs jaunes ou pourpres ; capsule de la grosseur d'un œuf ou un peu moins, sphérique ou ovale, quelquefois pointue, à trois ou quatre loges, renfermant plusieurs graines verdâtres ou noirâtres, lisses ou velues, adhérentes entre elles ou isolées, enveloppées de coton blanc, jaunâtre ou rougeâtre, plus ou moins long, fin et soyeux. Le coton vient naturellement dans les climats très-chauds, est cultivé dans les quatre parties du monde, fait une des richesses de nos colonies, vient bien au Cap de Bonne-Espérance dont la température approche de celle du Sud de la France où l'on commence à le cultiver.

Parmi les productions étrangères, le café, le chocolat et le sucre flattent notre sensualité ; le coton plus utile le dispute à la laine, au chanvre, au lin et à la soie pour vêtir l'homme et remplir un de ses premiers besoins. C'est aux voyageurs botanistes à étudier sur les lieux les variétés les plus propres à nos climats ; c'est au commerce à prendre un nouvel essor pour fournir cette matière précieuse à nos manufactures dont l'activité doit être digne de l'industrie nationale.

Les espèces connues sont :

1.º Le cotonier de Malthe qui vient dans les terrains arides, sablonneux, sur les bords de la mer, et réussiroit en France. Il est herbacé, annuel en Europe ; est vivace et forme un arbrisseau dans quelques parties de l'Afrique. Il fleurit, fructifie dans les serres du Muséum de Paris ;

2.º Le cotonier à petites fleurs d'Ispahan ;

3.º Le cotonier en arbre de 10 à 15 pieds ;

4.º Celui de l'Inde ;

5.º Le cotonier velu, capsule fort grosse, coton beau, fin, abondant ;

6.º Celui des Barbades ;

7.º Le cotonier à feuilles de vigne qui fleurit, fructifie au Muséum de Paris. Dans le pays on en mange les feuilles cuites ;

8.º Du Pérou, coton très-long, très-blanc ;

9.º Du Cap de Bonne-Espérance, coton d'une blancheur éblouissante.

Les cotons les plus cultivés dans les colonies d'Amérique, sont le *mi-fin*, graines noirâtres isolées ; et le *coton-pierre* ainsi nommé, parce que les graines tiennent ensemble.

29.

Le *bombax* ou *fromager* qui arrive à 50 pieds de haut dans nos colonies d'Amérique, donne un fruit dont les graines sont entourées d'une bourre fine , blanche, luisante, employée comme le coton.

En Amérique on prépare la terre en floréal , dans des lieux abrités des vents nord - est autant qu'il est possible. On fait des fosses d'un pied ou plus en quarré, dans lesquelles on met 10 à 12 graines aux premières pluies de prairial ; on couvre d'un peu de terre. On ne laisse que deux ou trois plants par fosse. On coupe la tige lorsqu'elle a deux ou trois pieds , afin de multiplier les branches; le sarclage est nécessaire. Les fleurs paraissent en brumaire, frimaire ; les *cosses* ou capsules s'ouvrent en nivôse ; on récolte le coton vers la fin de ce mois jusqu'en germinal, en choisissant un beau soleil pour le faire sécher sur des draps. On fait le triage des qualités ; le coton passe ensuite à l'égrainage. On renouvelle les plantations au bout de quatre, cinq ou six ans ; avec des soins elles durent plus long-temps.

Des insectes attaquent les tiges naissantes; les *crabes* sur les bords de la mer détruisent les jeunes plants, si on n'entoure pas les fosses de piquets ; les chenilles dévastent quelquefois toute une plantation dans une nuit ou deux ; les vents nord-est sont funestes pendant la floraison. Enfin un insecte à bandes rouges vient quelquefois se poser sur les cosses ouvertes et tache le coton. On doit donner à cette plante des soins très-assidus.

Pour séparer le coton de sa graine, on le fait passer entre deux rouleaux de bois placés horizontalement l'un au-dessus de l'autre, mus par une manivelle à pedale comme le rouet et par un engrainage ; un volant est placé sur l'axe de la manivelle ; un contre-poids charge le rouleau supérieur.

Pour l'emballage on met le coton par nape ou couche dans des sacs de crin ou de forte toile, en le pressant avec les pieds ; plus il est pressé, moins il souffre d'avarie dans le transport ; on entretient le sac mouillé à l'extérieur pendant l'emballage, afin que le coton ne remonte pas. Les balles sont de deux, quatre et six cents livres.

Arrivé, on l'étale sur des claies d'osier, de ficelle ; on le bat avec des baguettes pour ôter la poussière et des restes de graines ; on épluche ; on carde à la main

29.

ou par machine, après l'avoir passé au savon, si on doit filer au *rouet* ou à la *mécanique*. On file aussi au *mul-genny*, au *billy*, au moulin d'*Arckright* et à la machine à filer en gros, mais sans passer le coton au savon. Le rouet, la mécanique, le mul-genny filent la trame ; les autres filent la chaîne.

L'apprêt de la chaîne se fait avec de la colle-forte et de la farine. La trame mouillée se soutient mieux, fait plus uni. Pour unir la chaîne et ensuite l'étoffe, on brûle le duvet en passant par dessus et rapidement un fer rouge arrondi.

On fait avec le coton, du tricot, du nankin, basin, draps, velours, mousselines. En le mêlant au chanvre, au lin, à la soie, aux poils d'animaux, on en fait d'autres étoffes d'un bon usage. Les ciriers, chandeliers en font des mèches ; celles des *lampes-quinquettes* sont cylindriques, sans couture. Le coton est aussi employé en forme de *ouate*. On blanchit le fil ou les toiles de coton sur le pré ou par la liqueur lixivielle de *Bertholet*.

30.

MOULIN à farine. Cette machine sert à émonder les grains de leur écorce, à les concasser, les réduire en gruau ou en farine.

Les principales parties qui le composent, | 30.
sont :

1.° Deux meules de pierre dure (silex , quartz , pierre meulière) de six à dix pouces d'épaisseur , de deux à six pieds de diamètre , placées horizontalement l'une au-dessus de l'autre.

La meule inférieure est fixe ou *gissante* , bombée d'environ sept lignes ; on la nomme *bondinière*.

La meule supérieure est seule *tournante* , concave d'environ neuf lignes , soutenue par un axe , à un intervalle de la première qu'on diminue ou augmente , suivant le produit qu'on veut obtenir ; on la nomme aussi *flanière*.

Les deux meules sont percées à leur centre d'un trou , l'*œillard* ; leur surface intérieure est piquée ou sillonnée en rayons ;

2.° La nille , forte pièce de fer fixée par quatre branches dans l'*œillard* de la meule tournante , percée au milieu d'un trou , ou ce qui vaut mieux , creusée en forme de chapeau ou de crapaudine renversée , dans laquelle vient se loger le bout arrondi de l'axe ;

3.° L'axe ou l'arbre , pièce de fer

30.

posée verticalement, traversant librement la meule gissante par l'*œillard*. Le bas de l'axe forme pivot et tourne dans une crapaudine ; le haut appelé *papillon*, se loge sous le chapeau de la nille, soutient la *flanière* en équilibre, pendant qu'un crampon de fer fixé sur le quarré du papillon, se place par ses branches relevées entre les branches de la nille, pour communiquer le mouvement de rotation à la meule tournante ;

4.° La *trémie*, entonnoir quarré, de planches, placée au-dessus des meules. Son fond est formé d'un auget, qui, à chaque tour de la meule, reçoit un coup du *babillard*, et laisse échapper du grain qui s'écoule par l'*œillard*;

5.° La *boîte* et le *boitillon* qui couvre l'*œillard* de la bondinière, et dirige le grain entre les deux meules;

6.° *L'archure* ou caisse de bois circulaire qui renferme les meules, reçoit le grain moulu et le verse par l'*anche* ou canal incliné placé au bas de la meule gissante;

7.° La *huche* qui reçoit le grain moulu sortant de l'anche, lorsqu'on ne veut pas bluter;

8.°

8.° Les bluteaux, longs tuyaux cylindriques formés d'un canevas ou d'un crêpe de divers degrés de finesse, fixé sur des cerceaux. Chaque bluteau est placé obliquement dans un grand coffre ; il reçoit le grain moulu et en sépare le son, le gruau, la farine blanche, bise, &c. par un mouvement de rotation et de trépidation qui lui est imprimé. La mouture soignée donne jusqu'à huit produits bien distincts;

9.° Le crible à vent placé au-dessus de la trémie, pour y verser le grain nettoyé.

On emploie les hommes, les animaux, le vent, le feu et l'eau appliqués de diverses manières pour imprimer un mouvement de rotation à l'axe et à la flanière; et par des poulies de renvoi, au crible à vent et aux bluteaux.

Une trop grande vîtesse dans la meule échauffe, aglomère, altère la farine.

Le blutage se fait très-bien séparément du moulin, lorsque la farine est froide, sèche.

On relève souvent la flanière pour la repiquer. Cette opération se fait de diverses manières ; la plus facile consiste à faire, dans l'épaisseur de la meule, deux trous

R

diamétralement opposés, pour y placer deux pointes arrondies de fer tenant à un demi-cercle d'un rayon un peu plus grand que celui de la meule. A l'aide d'une grue tournante, on enleve la meule par ce demi-cercle ; on la redresse sur son épaisseur en la faisant basculer sur les deux pointes de fer comme sur deux pivots. On la replace avec la même facilité.

FRUCTIDOR,

Mois des Fruits.

*P*RUNE, fruit à noyau du *prunier*, arbre 1.
moyen dont il existe un grand nombre de
variétés qui diffèrent par la forme, la couleur, la grosseur, la saveur, l'époque de
la maturité de leurs fruits ; quelques prunes
tiennent au noyau, d'autres n'y tiennent pas ;
elles. se cueillent de messidor en brumaire.

Les plus précoces sont : la *jaune hâtive*,
la *précoce* de Tours, la prune de *citoyen* (1).

Les meilleures crues sont : la grosse
claude verte (2), les divers *damas*, *l'abricotée*,
la *claude violette*, la prune *suisse*, le *perdrigon* rouge, la *catherine* bien mûre, le *damas
d'automne*.

Celles à convertir en *pruneaux* dont on
fait un grand commerce, et qui sont d'un
excellent usage dans les voyages de mer,
sont : la *catherine*, la *virginale*, la *roche-carbon*
ou *diaprée* rouge, la *couetsch*.

(1) Ci-devant de *Monsieur*.
(2) Ci-devant *Reine-Claude*.

I.

La grosse claude verte est préférable pour confire à l'eau-de-vie, et la mirabelle pour confire au sucre.

Les prunes, sur-tout la couetsch, donnent, par la fermentation et la distillation, une eau-de-vie appelée *couetsch-vasser*.

Celles qui multipliées de noyau rendent leur espèce sans le secours de la greffe, sont : le *perdrigon* blanc, la *claude*, la *catherine*, le *damas* rouge et blanc, la *couetsch*.

Les autres varient par la semence, ce qui peut conduire à des variétés nouvelles et bonnes.

Les pruniers se greffent de préférence sur le damas rouge ou la cerisette venus de noyau ou de drageon.

2.

MILLET, plante annuelle, originaire de l'Inde, cultivée en grand dans des terres fortes, bien ameublies, non humides ; elle craint la gelée ; porte sa graine en panicule flottante, dont on la sépare aisément à sa maturité. Elle est petite, blanche, quelquefois jaune, rougeâtre, plus ou moins foncée ; donne une farine peu abondante, nutritive, excellente en bouillie.

La graine de millet bien sèche est em-

2.

ployée pour la conservation des fruits tendres, des objets délicats dans les longs transports. On en nourrit aussi la volaille, les oiseaux.

3.

LYCOPERDE (*vesse-de-loup*), plante des lieux stériles, forme ronde, de la famille des champignons, contenant à sa maturité une poussière très-fine de mauvaise odeur; c'est un préjugé de croire que cette poussière communique au froment la maladie du noir ou *carie*.

4.

ESCOURGEON, orge d'automne, orge *quarré*, plante annuelle, cultivée en grand, qu'on ne doit pas confondre avec l'escourgeon de printemps; son épi est à quatre, quelquefois six rangs de grains. Il se sème en fructidor, se coupe en vert avant que l'épi soit formé, donne le fourrage le plus précoce, le plus abondant; produit encore son grain qu'on récolte vers la fin de prairial. Son abondance, sa précocité, le rendent d'un grand secours dans les temps de disette.

On en fait du pain sans le mêler à d'autres grains; dépouillé de son écorce, en le passant entre les deux meules du moulin plus séparées qu'à l'ordinaire, on a l'*orge mondé*

4.   ou *grué*; en l'arrondissant au moyen d'une meule de bois, on a l'*orge perlé*.

Ce grain mis à germer, desséché ensuite ou passé au *touroir*, réduit en farine, donne le *malt*, qui fait une branche de commerce pour divers usages : délayé, brassé, fermenté, il donne la bierre, et par distillation, de l'eau-de-vie.

Les chevaux, la volaille se nourrissent de ce grain ; les amidonniers en retirent de l'amidon.

L'escourgeon uniquement destiné au fourrage, peut se couper trois fois ; dans ce cas, on le sème plus dru.

5.   *SAUMON*, poisson de l'Océan, qui remonte les rivières, les écluses ; voyage par troupe de plusieurs milliers ; parvient au poids de trente à quarante livres. Il est couvert de petites écailles rondes ; le dos est d'un bleu obscur, le ventre d'un blanc argenté ; le corps a des taches plus grandes dans la femelle que dans le mâle ; sa tête est petite ; la mâchoire inférieure recourbée en haut, garnie de dents longues, aiguës, ainsi que la mâchoire supérieure.

Il se nourrit de poissons, est très-vorace.

La femelle nommée *beccard*, dépose son *frai*
sur le sable. Les jeunes saumons connus sous
le nom de *tacons*, sont très - délicats. ils
descendent à la mer, et remontent l'année
suivante dans les eaux douces; ils reviennent ordinairement dans les rivières où ils
sont nés.

On pêche le saumon en brumaire, frimaire, et jusqu'en prairial, en les attirant
par des guides ou filets dans des enceintes
formées sur l'eau, d'où ils ne peuvent plus
sortir, ou dans des verveux ouverts pour
les prendre en descendant, ou en remon-
tant.

Le rouissage du chanvre les fait fuir; ils
ne reviennent que lorsque les eaux ainsi
corrompues se sont écoulées.

La chair en est blanche, grasse, nourrissante; elle devient rouge en cuisant ou
dans le sel. On mange le saumon frais,
salé, confit au vinaigre : cette dernière
préparation est agréable, saine. Il fait
une branche de commerce qu'on pourrait
étendre.

TUBÉREUSE, plante vivace, bulbeuse,
originaire de Ceylan; tige élevée, garnie

6.

de fleurs blanches très-odorantes, qui épanouissent successivement, et durent trois mois. Il y a une variété à fleurs doubles qui dégénère par une mauvaise culture. La tubéreuse est cultivée en grand dans nos pays méridionaux où il s'en fait un très-grand commerce; elle se cultive sur couche dans les climats tempérés et froids ; aime beaucoup la chaleur ; est employée dans les parfums.

7.

SUCRION (orge nu), plante annuelle de Tartarie, arêtes très-longues ; son grain quitte la balle facilement ; son écorce est mince ; il rend plus de farine ; sa qualité le rend plus convenable pour la bierre que l'orge carré ; seul il fait un bon pain. Il peut se semer en automne dans les climats chauds et tempérés.

8.

APOCYN à ouate, plante vivace, laiteuse, fort traçante, originaire de Virginie ; se plaît dans les terrains frais, multiplie beaucoup, est presque indestructible. Ses fleurs sont très-odorantes ; ses graines portent un duvet fin, soyeux, doux, élastique, chaud, employé dans la bonneterie ; on en fourre les habits, les courte-pointes, etc. Lorsqu'il est court, il se carde, se file mieux. La tige de la plante donne une filasse.

Encore jeune, l'apocyn se mange cuit à l'eau comme l'asperge. Il est dangereux de le manger cru.

RÉGLISSE, plante vivace cultivée en grand dans plusieurs départemens, notamment dans celui d'Indre et Loire, pour sa racine traçante, ligneuse, très-sucrée. On l'emploie verte ou sèche ; on en fait un extrait connu sous le nom de *sucre de réglisse, sucre noir*, varié de différentes manières par les parfums qu'on y ajoute.

ÉCHELLE, simple ou double. On fait ordinairement les montans de bois d'aulne ou d'autres bois légers, et les échelons de cornouiller. L'échelle varie suivant ses usages ; celle qu'on destine à la cueillette des fruits est très-étroite. La double est de deux espèces ; l'une à un pied sert aux opérations ordinaires des jardins ; l'autre à deux pieds, sert à élaguer, tailler les grands arbres.

11.   *PASTÈQUE* (*melon d'eau*), plante cucurbitacée, annuelle, originaire de la Jamaïque, cultivée sur-tout dans les pays chauds ; fruit rond, oblong, très-rafraîchissant, très-aqueux ; on le confit au sucre ; sa chair est blanche, rougeâtre ; sa graine blanche ou noirâtre.

12.   *FENOUIL*, plante vivace, aromatique dans toutes ses parties ; ses feuilles sont employées dans les assaisonnemens, sur-tout dans les cornichons ; ses jeunes tiges blanchies se mangent comme le céleri ; sa graine qu'on nomme à Paris mal-à-propos *anis*, entre dans les ratafias, donne une huile essentielle. Cette plante sert à parfumer le linge. Quelques variétés sont plus douces.

13.   *ÉPINE-VINETTE*, arbrisseau épineux, propre à former des haies ; bois jaune ; fruit oblong, rouge, acide, qui peut suppléer le citron ; il y a des variétés à fruit blanc, violet, moins acide. Ses fleurs en grappe ont une odeur désagréable ; c'est à tort que l'on pense qu'elles sont nuisibles à la fructification des fromens. Les étamines donnent des signes de sensibilité quand on

les touche : les fruits encore verts rempla-
cent les capres ; murs, on en fait d'excellentes confitures, un sirop ; on les confit
aussi au vinaigre. La racine, le bois, l'écorce
fournissent une couleur jaune pour teindre
les étoffes, le cuir et le bois.

13.

Noix, fruit du noyer, grand arbre
originaire de Perse, en Europe depuis un
temps immémorial, très-commun en France,
borde les chemins dans plusieurs départemens.

Il craint les grands froids, se greffe avec
succès dans plusieurs endroits ; ses feuilles
ont une odeur pénétrante ; son bois veiné,
d'une belle couleur, solide, léger, fait de
bons meubles, sert à la monture des fusils ;
son fruit est composé d'une amande qu'en-
ferme une coquille enveloppée d'une *cale*
verte, lisse, appelée *brou*.

La noix encore tendre se confit au
sucre ou se mange en *cerneaux*. Le brou
fait un ratafia, est employé avec les
racines à teindre en brun les étoffes, le
cuir, le bois ; la noix mûre se conserve
dans un lieu sec ; trempée quelques jours
dans l'eau, elle s'adoucit, s'épluche mieux,

14.

est plus agréable à manger ; l'amande séparée de sa coquille, grillée, écrasée sous une meule posée de champ, mise sous le pressoir, donne une huile qu'on mange, et qui sert en peinture. Tirée sans feu, elle est plus agréable, sur-tout en y ajoutant un quart d'huile d'amande, mais elle se conserve moins. Les feuilles, les coquilles et le bois font un très-bon chauffage ; les cendres sont très-chargées de potasse.

Depuis un siècle on a découvert dans l'Amérique septentrionale, les espèces suivantes de noyers qui peuvent supporter nos hivers.

1.º Le *noyer noir* qui s'élève à soixante, quatre-vingt pieds, prend trois à quatre pieds de diamètre, résiste aux grands froids, fructifie dans nos jardins : la noix est grosse, ronde ; son brou lisse, sa coquille dure, épaisse, son amande douce ; elle se conserve fraîche six mois ; écrasée sous le marteau, broyée dans l'eau, on en sépare une farine dont on fait une espèce de pain. Son bois est dur, de couleur foncée ; ce noyer se multiplie de graine, croît rapidement.

2.º Le *noyer cendré* qui s'élève à trente, quarante pieds, prend trois pieds de diamûre, porte des noix oblongues à brou velu, visqueux, coquille profondément sillonnée, amande douce, huileuse. Il vient bien de graine, ne gèle pas.

3.º Le *noyer blanc*, à fruit aigu, s'élève à quarante, cinquante pieds. La noix a deux pouces de long ; l'amande est petite, douce.

4.º Le *noyer blanc odorant* s'élève très-haut ; ses noix sont petites, rondes, douces ; son bois dur, d'une belle couleur, fait des charrues, des essieux de chariot, des roues dentées de moulin, des manches d'outils.

Il y a un noyer blanc à fruit comprimé, échancré aux deux bouts, à amande douce.

5.º Le *pacanier*, arbre très-grand, bois excellent pour la charpente, la menuiserie ; noix longues, lisses, de la grosseur du doigt, de la forme d'une olive ; amande douce, agréable ; huile fine, très-bonne à manger. Ce noyer résiste aux grands froids, est préférable en tout au noyer commun.

6.º Le *noyer* à petit fruit amer, qui s'élève à quatre-vingt, cent pieds ; ses feuilles sont larges, la noix ronde, à brou mince, coquille fragile, amande très-amère.

7.° Le *noyer* à feuilles de frêne.

Tous ces noyers se multiplient de semence et de greffe. On fait germer les noix dans du sable, on les sème au commencement du printemps.

TRUITE d'eau douce, d'environ un pied dans sa plus grande longueur, mouchetée de taches noirâtres ou rougeâtres; museau plus obtus que le saumon, langue epaisse, hérissée de pointes; elle habite les eaux vives, se plaît dans les rivières à bords herbeux. Sa chair est blanche, délicate, molle, de facile digestion; lorsqu'elle est rougeâtre, on dit qu'elle est saumonée.

La vraie truite saumonée habite les lacs, acquiert jusqu'à trois pieds de longueur, et trente livres de poids. Sa tête est plus petite, les couleurs du dos plus vives, les taches plus multipliées, plus petites, la nageoire de la queue échancrée. Ces deux espèces ne se trouvent point ensemble.

La truite brune a la queue très-échancrée, la tête courte, les taches rouges bordées de blanc.

La truite de mer a le corps plus large,

le museau aigu, la queue profondément
échancrée, les taches petites, nombreuses,
irrégulières.

La truite se conserve salée ou marinée.

CITRON, fruit à pepin du citronier,
petit arbre originaire d'Asie, acclimaté dans
le midi de la France. Le citron est oblong,
jaune ; son écorce épaisse contient une
huile essentielle d'une odeur agréable ; l'intérieur du fruit est composé de vésicules
remplies d'un jus acide qu'on retire par
expression ; on s'en sert pour enlever les
taches d'encre encore fraîches ; mêlé avec
de l'eau, du sucre ou du miel, on en fait
une boisson rafraîchissante, connue sous le
nom de *limonade* crue, cuite. Le citron entier
ou seulement son écorce entrent comme
assaisonnement dans quelques alimens ; frais,
on le confit au sucre. Ce fruit varie dans
sa forme, sa saveur ; sa graine est amère.

CARDIÈRE, chardon à foulon ou à
bonnetier, plante bisannuelle, cultivée en
grand. La première année la cardière ne
pousse que des feuilles ; la seconde année
ses tiges paraissent et portent chacune une

17. tête ovoïde composée de plus de six cents fleurs, dont les calices plus longs qu'elles, se terminent par un piquant en crochet. L'instant à saisir pour la récolte, est celui où les crochets commencent à acquérir de la fermeté, sans être trop secs. Les têtes de cardière servent, dans les manufactures, à peigner les draps. Les feuilles opposées de la plante forment une cuvette où se rassemble l'eau de pluie, de rosée qui peut servir à désaltérer les voyageurs. Les abeilles recherchent les fleurs. La République récolte assez de cardières pour ses manufactures, et pour en exporter. Il ne faut pas confondre cette espèce avec le chardon des champs, dont les calices n'ont point de crochets.

18. *NERPRUN*, *Bourg-épine*, petit arbre épineux des bois, propre à faire des haies ; son écorce, ses baies non mûres donnent une couleur jaune ; à leur maturité elles donnent le vert de vessie. Ces couleurs sont employées par les teinturiers, les peintres ; le suc qu'on en extrait, est d'usage en médecine.

19. *TAGETTE ;* deux espèces automnales annuelles,

annuelles, *tagette*, originaire du Mexique ; 19.
deux espèces automnales annuelles ; l'une
connue sous le nom d'*œillet-d'Inde*, a une
variété petite, simple, panachée ; la seconde, *rose-d'Inde*, à fleur simple ou
double, odeur forte ; il y a aussi une variété moins grande, plus hâtive. La tagette est cultivée dans les jardins.

HOTTE, ustensile d'osier, commode 20.
pour les transports, d'usage dans la plus
grande partie des départemens ; elle varie
dans ses formes, est pleine ou à claire-
voie, à dos prolongé ou sans prolon-
gement. Le centre de gravité du poids
doit être à la hauteur des épaules : trop
au-dessus, on perd l'équilibre ; trop
au-dessous, on perd de sa force. Le dos
de la hotte doit prendre les formes du corps,
afin que le poids soit plus également réparti.

ÉGLANTIER, *Rose-de-chien*, arbuste 21.
épineux des bois, des haies ; fleurs odorantes,
fruit rouge, acidule, se mange frais, confit :
on doit se garantir des poils qu'il renferme :
il est connu sous les noms de *kinorhodon*,
gratecu. La piqûre d'un insecte fait naître

21.

sur ses branches une excroissance en forme de mousse, appelée *béligaire*, sur laquelle le charlatanisme abuse de la crédulité, en lui attribuant des effets extraordinaires. Des pousses gourmandes, longues, droites, sortent de l'églantier; détachées avec des racines, elles servent à greffer en tiges les roses des jardins, et autres variétés à fleurs doubles.

22.

NOISETTE, fruit à amande du noisetier sauvage ou cultivé. La noisette est douce, agréable; ses variétés sont la noisette franche, dont l'amande est à pellicules blanches ou rouges; l'huile que l'on en extrait, se rancit peu, est bonne à manger.

23.

HOUBLON, plante vivace, traçante des lieux sauvages dont les fleurs mâles et femelles sont séparées sur différens pieds. On le cultive en grand; il exige une terre bonne, profonde; l'épuise beaucoup. Sa graine se sème plus avantageusement à l'époque de sa maturité; il s'élève très-haut, demande à être échalassé; dure dix à douze ans. On mange ses jeunes pousses comme les asperges. Les enveloppes de la graine récol.. . avec soin, sont employées dans la bierre, lui donnent de l'amertume, contribuent à sa conservation. On le multiplie aussi de drageons. On distingue quelques légères variétés blanches, rougeâtres.

SORGHO, grand millet d'Inde, plante annuelle, racines nombreuses, graines rouges, noirâtres, disposées en pannicule. On le cultive en grand ; il veut une terre bonne, bien ameublie ; gèle facilement ; demande, pour mûrir, une chaleur soutenue. La graine, la farine du sorgho nourrissent les bestiaux, la volaille ; les hommes peuvent en manger. Les feuilles servent de fourrage ; les pannicules dépouillées de leurs graines, font des balais. Le maïs est préférable au sorgho.

ECREVISSE d'eau douce, dont deux variétés, l'une à pattes vertes, l'autre à pattes rouges ; celle-ci est préférée ; elle habite plus communément les ruisseaux, les bras de rivière ; se loge le long de leurs bords, sous les racines des arbres, des arbrisseaux, sur - tout entre les pierres ;

25.

s'élève artificiellement dans des bassins garnis de retraites qui communiquent à une eau courante ; est plusieurs années à prendre son accroissement ; elle est vorace, se jette sur les substances animales qu'on lui présente ; c'est l'appât le plus assuré pour la prendre. Son test ou cuirasse, l'enveloppe de ses pattes, de sa queue, tombent chaque année à la ponte ; il succède une enveloppe molle qui durcit en peu de temps. L'écrevisse se mange cuite : elle ne vaut rien dans la mue.

26.

BIGARADE, orange plus ou moins acide que l'orange douce et plus cultivée dans le nord de la France, à cause de la facilité de sa culture et de l'abondance de ses fleurs : son fruit, en mûrissant, devient d'un vert jaunâtre, sert d'assaisonnement aux viandes. Les variétés principales sont la bigarade violette, la pomme d'adam, la bigarade cornue, la petite bigarade chinoise.

27.

VERGE D'OR (commune) , plante vivace, fleurs jaunes, abondantes en miel ; elles paraissent tard, sont d'usage en médecine.

MAÏS, vulgairement *blé de Turquie*, *blé d'Espagne*, *blé d'Inde*, *gros millet*, *milloc*; plante annuelle, originaire d'Amérique, naturalisée dans toutes les parties tempérées de l'Europe. Tige grosse, haute de quatre à huit pieds, feuilles larges, racines chevelues, fleurs mâles en long bouquet terminant la tige, séparées sur le même pied des fleurs femelles disposées le long de la tige. Épi long, grain de la grosseur d'un pois, blanc, jaune, rouge, violet, bigarré, selon les variétés; les deux premières sont préférables.

On en cultive deux espèces; l'une hâtive, peu féconde; l'autre plus répandue. Le maïs se plante comme les haricots ou se sème derrière la charrue, assez espacé pour être sarclé, butté. Il est sensible au froid; ses semailles surprises par la gelée blanche, doivent être recommencées; son abondance, sa maturité dépendent de l'humidité, de la chaleur.

Chaque pied porte un épi dans les terres médiocres, deux, trois dans les bonnes, et jusqu'à six en Amérique. L'épi donne environ cinq cents grains. En Amérique on fait aisément trois récoltes par an sur le même sol ; dans le sud de la France, on pourrait en obtenir deux. Après le buttage, on plante dans les intervalles, des pois, haricots, féveroles, citrouilles.

Le maïs est sujet à une excroissance qui se convertit en une poussière noire, non contagieuse ; on doit l'extirper dès qu'elle paraît. L'eau des pluies se rassemble quelquefois dans le fourreau de l'épi et peut l'altérer ; on la fait couler par une incision ou une déchirure dans le bas.

Dès que le grain est formé, on le perfectionne en découvrant l'épi ; la maturité en est plus complète.

Les épis encore tendres et en lait, se mangent rôtis ou pilés et réduits en pâte qu'on fait cuire. Cette préparation nourrissante se conserve et peut se transporter dans des feuilles fraîches. Les épis placés dans les aisselles des feuilles ne mûrissent pas ; on les confit au vinaigre. Les épis mûrs se conservent en paquets sous le toit des maisons pour les semailles ; au four ou à l'air, on les égraine pour l'usage. Le grain se conserve entier ou concassé, moins bien en farine qui peut s'aigrir, ce qu'on prévient en la passant légèrement sur des plaques chaudes de fer.

On fait avec le maïs des potages, bouillies appelés *gaudes*, *polenta*, *miliasse*, *cruchades*, des galettes qu'on fait frire par tranches, et du pain en le mêlant avec du froment : seul, il donne un pain sec, lourd, échauffant. Le maïs contient une espèce de gomme, du sucre, de l'amidon. On en fait une boisson fermentée. Il engraisse les porcs, la volaille, remplace l'avoine pour les chevaux. Les rejetons qui poussent au-dessus du nœud de l'épi, sont donnés au gros bétail ; les feuilles font de bonnes paillasses ; l'épi dépouillé du grain, les tiges & les racines, donnent un feu clair, vif, une cendre riche en potasse.

28.

MARRON, fruit d'une espèce de châtaignier, recherché par sa saveur et sa délicatesse ; différentes variétés paroissent devoir leur qualité à la greffe et aux terrains dans lesquels les arbres croissent. Les marrons de Lyon, ou plus exactement des départemens voisins et ceux du Luc sont les plus généralement estimés. On les distingue des châtaignes par leur forme plus arrondie,

29.

29.

par leur grosseur, la finesse de leur chair et leur goût sucré. On les mange rôtis, bouillis.

30.

PANIER, ustensile d'osier blanc, d'osier noir, de coudrier, viorne, troêne, saule ou d'autres bois lians, à anse ou à poignée, très-varié dans ses formes, ses dimensions et ses usages.

Fin de l'Annuaire.

*T*ABLE *des Pesanteurs spécifiques de plusieurs Substances fluides, liquides ou solides, végétales, animales ou minérales, salines ou métalliques, dont il est parlé dans l'Annuaire, ou qui peuvent y avoir quelque rapport.*

NOMS des SUBSTANCES.	POIDS d'un PIED CUBE
Fluides.	
Gas inflammable....................	64 grains
Air commun......................	11 gros.
Air très-pur ou vital..............	12 gros.
Liquides.	
Esprit-de-vin....................	58 livres.
Essence de térébenthine...........	61.
Eau-de-vie....................	64.
Huile de noisette..................	64.
— de navette....................	64.
— de farine....................	64..
— d'olive....................	64.
— d'œillette *ou* de pavot...........	65.
— de chenevis..................	65.
— de noix	65.
— de lin	66.
Térébenthine..................	69.
Vin	69.
EAU DE PLUIE..................	70.
Cidre....................	71.
Eau de mer..................	72.

NOMS des SUBSTANCES.	POIDS d'un PIED CUBE.
Lait de vache	72 livres.
Bierre	72.
Vinaigre	72.
Acide muriatique	84.
Acide nitrique	89.
Acide sulfurique	129.

BOIS.

NOMS DES BOIS.	POIDS D'UN PIED CUBE.		RETRAITE par le desséchement.
	VERT.	SEC.	
	liv.	liv.	
Écorce de liège	//	17.	
Peuplier d'Italie	64.	25.	un 24.[e]
Saule commun	68.	27.	un 16.[e]
Peuplier noir	69.	29.	un 6.[e]
Cèdre du Liban	43.	29.	
Marronnier d'Inde	58.	31.	un 24.[e]
Sapin	47.	32.	
Aulne, Verne	61.	36.	un 12.[e]
Tremble	53.	38.	un 6.[e]
Peuplier blanc	58.	38.	un 4.[e]
Ypréau	54.	39.	un 4.[e]
Lierre	//	40.	
Châtaigner	69.	41.	

NOMS DES BOIS.	POIDS D'UN PIED CUBE.		RETRAITE par le desséchement.
	VERT.	SEC.	
	liv.	liv.	
Chêne	80.	41.	un 16.ᵉ
Genevrier	"	ibid.	
Marseau	70.	ibid.	un 12.ᵉ
Mûrier noir	"	42.	
Sureau	"	ibid.	
Érable plane	"	43.	un 24.ᵉ
Mûrier blanc	"	44.	un 10.ᵉ
Noyer	60.	ibid.	un 24.ᵉ
Cyprès	"	45.	
Houx	"	47.	
Tilleul	52.	48.	un 6.ᵉ
Bouleau	"	ibid.	
Noisetier	"	49.	
Cognassier	"	ibid.	
Abricotier	"	50.	
Citronnier	"	51.	
Orme	83.	ibid.	un 16.ᵉ
Frêne	63.	ibid.	un 12.ᵉ
Épine noire *ou* Prunelier	"	52.	
Platane de Virginie	"	ibid.	
Sycomore	"	ibid.	un 12.ᵉ
Charme	61.	ibid.	un 4.ᵉ
Alizier	ibid.	ibid.	
Mélèze	"	53.	
Citise des Alpes	"	ibid.	
Érable sucré	"	ibid.	
Pêcher	"	52.	
Poirier sauvage	79.	53.	un 12.ᵉ

NOMS DES BOIS.	POIDS D'UN PIED CUBE.		RETRAITE par le dessechement.
	VERT.	SEC.	
	liv.	liv.	
Jasmin..............	*n*	54.	
Nerprun	*n*	*ibid.*	
Racine de garance	*n*	*ibid.*	
Hètre , Fayard.........	63.	55.	un 4.ᵉ
Merisier ....,	62.	*ibid.*	un 16.ᵉ
Prunier.............	*n*	*ibid.*	
Néflier.............	*n*	56.	
Pommier.............	*n*.	*ibid.*	
Faux Acacia..........	59.	*ibid.*	un 6.ᵉ
Épine blanche *ou* Aubépine.	69.	57.	un 8.ᵉ
Laurier	*n*	58.	
Oranger.............	*n*	*ibid.*	
If................	81.	61.	un 48.ᵉ
Mahaleb , ou Bois de Sainte-Lucie	*n*	62.	
Buis	80.	69.	
Olivier	*n*	69.	
Chêne vert..........	85.	70.	
Cornouiller..........	*n*	*ibid.*	
Lilas..............	*n*	71.	
Cormier.............	*n*	72.	
Vigne..............	*n*	93.	
Grenadier	*n*	95.	

NOMS des SUBSTANCES.	POIDS d'un PIED CUBE.
Substances solides, combustibles.	liv.
Cire jaune......................	68.
Ambre jaune, Succin................	76.
Bitume.........................	77.
Jayet..........................	88.
Charbon de terre..................	93.
Soufre.........................	142.
Diamant........................	246.
Substances solides, salines.	
Potasse........................	102.
Sucre blanc.....................	112.
Tartre cru......................	129.
Salpêtre, Nitrate de potasse..........	133.
Sulfate de fer, Vitriol *ou* Couperose verte.	*ibid.*
Sel commun *ou* Muriate de foude......	149.
SUBSTANCES *qui ont éprouvé l'action du feu.*	
Lave..........................	162.
Porcelaine......................	164.
Basalte des volcans................	170.
Verre de bouteille.................	191.
Laitier des fonderies...............	200.
Verre blanc.....................	202.

NOMS des SUBSTANCES.	POIDS d'un PIED CUBE.
Substances minérales. Pierres.	liv.
Pierre à chaux, à bâtir..............	116.
Pierre à plâtre, Gypfe..............	152.
Feldspath rougeâtre................	171.
Pierre meulière...................	174.
Caillou.........................	182.
Feldspath blanc...................	*ibid.*
Quartz en masse..................	185.
Granit rouge de la Côte-d'Or........	*ibid.*
— des Pyrénées.................	187.
— des Vosges..................	190.
— du Morbihan.................	192.
Marbre.........................	193.
Ardoise.........................	200.
Mica noir.......................	203.
Schorl noir......................	235.
Grenat..........................	293.
Substances métalliques.	
Molybdène.......................	331.
Arsenic.........................	403.
Antimoine.......................	469.
Zinc...........................	503.
Fer fondu.......................	504.
Étain de Cornouailles..............	511.
— de Melac.....................	512.

NOMS des SUBSTANCES.	POIDS d'un PIED CUBE.
	liv.
Étain fin fondu, non écroui...........	524.
— écroui.......................	526.
Fer forgé.......................	545.
Cuivre rouge non forgé.............	ibid.
Cobalt.........................	547.
Acier trempé	ibid.
Acier non trempé...............	548.
Étain commun , fondu.............	554.
Cuivre rouge fondu , non forgé........	583.
Cuivre jaune , fondu , passé à la filiere...	598.
Cuivre rouge fondu , passé à la filière...	621.
Bismuth.......................	688.
Argent fondu , non forgé...........	733.
— forgé	736.
Plomb fondu...................	795.
Mercure coulant.................	950.
Or fin , fondu , non forgé...........	1348.
— forgé	1355.
Platine fondue	1365.
— forgée.....................	1424.
— passée à la filière.............	1473.

TABLEAU COMPARATIF
de la force et de l'élasticité de quelques Bois.

NOMS des Bois taillés en parallélipipède de mêmes dimensions.	ANGLE de flexion avant de rompre.		POIDS sous lequel a rompu le parallélipipède.	
	deg.	min.	liv.	onc.
Peuplier d'Italie..........	11.	″	68.	″
Peuplier à feuilles blanches.,	16.	″	116.	8.
Sycomore..............	8.	40.	127.	8.
Pin sylvestre...........,	9.	″	127.	8.
Tremble..............	10.	30.	132.	″
Auine..............	9.	″	135.	8.
Ypréau..............	16.	30.	147.	8.
Hêtre..............	10.	30.	162.	8.
Chêne..............	12.	″	185.	8.
Frêne	21.	30.	189.	8.
Bouleau..............	18.	″	190.	8.

EXPLICATION

DE QUELQUES MOTS
DE L'ANNUAIRE.

A

ACIDE, substance à l'état solide; mais plus souvent liquide ou fluide, saveur *aigre* plus ou moins forte, qui change en rouge la couleur bleue du tournesol, du sirop de violette; s'unit avec *effervescence* à la pierre à chaux, au marbre, à la *soude*, la *potasse*, l'*ammoniaque*; forme avec eux différens sels suivant sa nature. Le jus de citron, le vinaigre sont acides.

On retire du sel marin, l'acide muriatique; du nitre, les acides nitreux et nitrique; du soufre, les acides sulfureux et sulfurique; du phosphore, l'acide phosphorique, etc.

AÉROSTAT, ballon sphérique ou ovoïde, fait de taffetas tissu avec une soie préparée à la vapeur de l'eau, sans apprêt ni teinture, enduit d'un vernis de caoutchou, appelé improprement *gomme élastique*, rempli d'un fluide inflammable, beaucoup plus léger que l'air, accompagné d'une nacelle qu'il enlève dans l'atmosphère avec le poids dont on le charge. Création de la liberté, il sert à la défendre, en facilitant les observations et reconnaissances militaires.

AISSELLE des feuilles, angle qu'elles font avec

T

ses branches : mais elle se dit aussi de l'angle des branches entre elles ou avec la tige.

AMMONIAQUE, *alkali volatil*, d'une odeur pénétrante, verdissant le sirop de violette, s'unissant avec les acides. Il forme, avec l'acide muriatique, le muriate d'ammoniaque ou sel ammoniac du commerce, qu'on tire d'Égypte, et qu'on fabrique aujourd'hui en France; il sert dans les arts; on retire l'ammoniaque des substances animales brûlées.

ANNUELLE, se dit des plantes herbacées qui germent, croissent, fleurissent, fructifient et périssent dans la même année.

ANTHÈRE, organe mâle des *fleurs*, bourse ou *scrotum* soutenu ou non par un filet. Il s'ouvre avec explosion à sa maturité, lance sur le *pistil* une *poussière* servant à la fécondation des embrions de l'*ovaire*. (*Voyez* FLEUR, POUSSIÈRE, PISTIL, OVAIRE.)

ARBRE, plante ligneuse constituée de racines pivotantes ou traçantes, grosses, ramifiées, déliées ou *en chevelu*; d'un tronc unique et nu, surmonté d'une tête arrondie ou pyramidale, étalée ou plate, formée de maîtresses branches, branches à *bois*, à *fruits*, *chiffonnes*, *gourmandes*, *veules*, *anticipées*, *faux-bois*, et de *feuilles*.

On distingue les arbres en petits, moyens et grands suivant leur élévation, qui va de dix-huit à cent trente pieds.

ARBRISSEAU, plante ligneuse qui se divise depuis sa racine en plusieurs tiges ordinairement rameuses dès le bas; s'élève à la hauteur de six à dix-huit pieds;

pousse , ainsi que l'arbre, en automne, dans l'aisselle des feuilles , des boutons qui se développent au printemps. Le noisetier , l'églantier, l'osier, la viorne , le troéne , sont des arbrisseaux.

ARBUSTE , *sous - arbrisseau* , plante ligneuse en buisson, s'élevant depuis six pouces jusqu'à la hauteur de l'homme, comme le thym, le groseiller, la bruyère, le romarin. L'arbuste ne pousse pas en automne , comme l'arbrisseau, des boutons aux aisselles des feuilles.

ARÉOMÈTRE , *pèse-liqueur,* instrument en verre, en bois ou autre matière; assez léger pour flotter sur les liquides; il y plonge plus ou moins, suivant leur pesanteur spécifique dont il sert à déterminer le rapport.

ASTRINGENT. L'écorce de certains arbres est astringente , c'est-à-dire, qu'elle resserre les pores du cuir, le rend compact, ferme, solide. (*Voyez* TAN.)

B

BAIES, fruits composés de graines ou pepins renfermés dans une pulpe succulente , comme le raisin, la groseille, la mûre.

BALLE, espèce d'écaille servant d'enveloppe au grain en épi des plantes graminées , des *céréales.* (*Voyez* CALICE.)

BAROMÈTRE , instrument destiné à mesurer la pression de l'atmosphère, la hauteur des montagnes, l'ascension des aérostats. Le meilleur baromètre est composé d'un tube de verre d'environ trente-six pouces,

T 2

recourbé en deux branches parallèles, égales en grosseur, inégales en longueur; la plus courte ouverte, la
plus longue fermée à son extrémité. On remplit peu à
peu le tube de mercure: on le fixe sur une planche
qu'on pose bien d'aplomb, la courbure du tube en bas.
L'atmosphère pressant sur le mercure de la branche
ouverte, le pousse dans la longue branche fermée, l'y
soutient, sur le bord de la mer, à une hauteur de vingt-huit
pouces environ au-dessus de la colonne de la petite
branche. Cette hauteur diminue à mesure qu'on s'élève
sur une montagne, sur un aérostat. La planche est divisée en pouces et lignes. Il y a des moyens de rendre
le baromètre portatif, afin de s'en servir dans les voyages.

BISANNUELLE, se dit des plantes qui germent,
poussent leurs feuilles radicales la première année; poussent leurs tiges, fleurissent, fructifient et périssent la
seconde année.

BOUTURE, branche détachée d'une plante ligneuse
qu'on pique en terre et qui reprend. Le figuier, le
cognassier, le groseillier, le saule, le sureau, le buis,
reprennent de bouture.

BULBE, *oignon* composé d'écailles, peaux ou tu-
niques emboîtées les unes dans les autres. Les bulbes
poussent aux racines comme dans la *jacinthe*, aux aisselles
des feuilles comme dans le lys bulbifère, ou au sommet de la tige comme dans l'ail. Elles servent à la
reproduction de la plante.

C

CALICE, écailles ou folioles servant d'enveloppe
ou de soutien aux autres parties de la fleur. La balle

du froment, du seigle, les piquans ou crochets des chardons, des cardières, sont des calices. Il y a des fleurs sans calice, comme la tulipe.

CAPSULE, fruit composé d'une coque sèche, peu épaisse, qui s'ouvre naturellement à la maturité, et laisse échapper les graines qu'elle contient.

CAUSTIQUE, corrosif, brûlant, cautérisant. La soude, la potasse dépouillées du gaz carbonique auquel elles sont unies, soit par l'action du feu, soit par leur mélange avec la chaux vive, deviennent *caustiques*. Elles peuvent alors s'unir aux acides, sans effervescence. (*Voyez* ACIDE.)

CAYEUX, *œilleton* pour les plantes *herbacées*, est analogue au *drageon* pour les plantes ligneuses. (*Voyez* DRAGEON.)

CÉRÉALES, se dit des plantes graminées, comme le froment, le seigle, l'orge, l'avoine, qu'on cultive en grand pour les besoins de l'homme, des animaux.

CHATON, assemblage de petites fleurs sans calice ni corolle, garnies d'écailles, disposées autour d'un même filet qui prend la figure d'une queue de chat. Les fleurs d'un même chaton, sont ordinairement d'un seul sexe. Les fleurs du châtaignier sont en chaton.

COROLLE, partie de la fleur la plus remarquable par sa grandeur, sa position, l'élégance, la variété de ses formes, de ses couleurs, souvent par son parfum. Elle est d'une seule pièce comme dans la fleur du liseron, ou de plusieurs pièces nommées *pétales*, vulgairement *feuilles*, comme dans la rose. Soutenue par le calice, elle soutient, enveloppe, abrite les étamines et le pistil;

c'est le rideau du lit nuptial. Elle porte quelquefois à son extrémité inférieure un *nectaire*, réservoir du miel que les abeilles recueillent.

COUCHES, amas de substances susceptibles de fermenter, s'échauffer ou d'acquérir, conserver pendant quelque temps, de la chaleur, comme le fumier, la balle de bled, le tan, les feuilles, le marc de raisin, celui d'olive ou le grignon, etc. Ces couches faites sur un sol sec, abrité, servent à faire lever de bonne heure des graines, à obtenir des fruits dans une saison où par-tout ailleurs la nature est engourdie, à cultiver de. plantes étrangères, en obtenir des semences, en préparer l'acclimatement.

CRUCIFÈRE, se dit d'une plante dont la fleur est composée de quatre pétales et de six étamines, quatre grandes et deux petites.

CUCURBITACÉES. Les courges, concombres, melons, citrouilles, potirons, forment la famille des plantes cucurbitacées dont les tiges sont traînantes, à vrille; les fleurs mâles séparées des femelles. La corolle toujours d'une seule pièce, est placée au-dessus de l'ovaire. Le fruit est pulpeux et porte sa semence dans une seule loge.

D

DISTILLATION, opération par laquelle, à l'aide de la chaleur, on réduit en vapeurs, dans des vaisseaux clos, les substances qui en sont susceptibles. Ces vapeurs refroidies se condensent, passent à l'état liquide, ou prennent la consistance d'une gelée ou du beurre, suivant leur nature. C'est par la distillation qu'on retire l'eau-de-vie du vin, de la lie, du marc ; qu'on fait l'esprit-de-vin avec de l'eau-de-vie ; l'alkool, l'ether avec de l'esprit-de-vin ; qu'on retire les huiles essentielles des plantes.

DOUBLE, *pléine*, se dit d'une fleur dans laquelle les étamines, par une abondance de nourriture, se convertissent en pétales et étouffent les pistils.

DRAGEON, branche repoussant des racines de quelques plantes ligneuses et qu'on détache pour la transplanter. C'est une sorte de marcotte naturelle.

DUCTILE, qui se façonne, s'étend, se file par la pression, le tirage, comme l'argent, le cuivre, le fer, etc.

E

ÉCROUIR, resserrer, comprimer un métal, le rendre plus compact par le martelage, le tirage à la filière.

EFFERVESCENCE, bouillonnement, dégagement de bulles plus ou moins tumultueux, qui s'opère avec ou sans chaleur, lorsqu'on verse un acide sur une terre calcaire, du marbre, un alkali.

ÉMOUDRE un canon de fusil, c'est le passer, après avoir été forgé, sur une meule de grès, pour l'user, l'arrondir, l'unir extérieurement en le réduisant dans toute sa longueur aux différentes épaisseurs qu'il doit avoir. Ce travail se fait aussi pour dégrossir les armes blanches.

ÉMULSION, préparation d'amandes ou de semences dépouillées de leur coque, de leur peau, réduite en pâte qu'on délaye dans l'eau. L'émulsion est un mucilage uni à une huile qu'il rend miscible à l'eau. L'orgeat est une émulsion.

ESPÈCE. Plus de cinquante mille individus de plantes sont connus. Pour en faciliter l'étude, on les divise en classes, ordres ou familles ; on sous-divise en genres, les genres en espèces, les espèces en variétés.

On reconnaît une espèce en ce que la graine reproduit la même plante sans dégénération. On ne peut conserver une variété par la graine ; mais on la conserve par la bouture, la marcotte, le drageon et la greffe.

ÉTAMINES, organes mâles de la fleur, dont la partie principale est l'anthère soutenu ou non par un filet. (*Voyez* ANTHÈRE.)

F

FÉCONDATION. Lorsque toutes les parties de la fleur sont mûres, le filet de l'étamine se courbe sur le pistil ; l'anthère s'ouvre ; la poussière qu'il contient se répand, s'attache à l'orifice humecté du stigmate ; les globules de poussière éclatent ; il en jaillit un fluide qui pénètre jusqu'à l'ovaire, en féconde les embrions. Après cette opération, le calice, la corolle, les étamines, le stigmate se dessèchent, tombent ; l'ovaire survit, prend de l'accroissement, devient le fruit de la plante dans lequel la graine murit et devient propre à la reproduction.

FÉCULE, substance farineuse contenue dans quelques racines, tubercules ou semences, qu'on en sépare en divisant à la rape, au pilon, et broyant ensuite dans l'eau froide. La fécule se détache, se précipite ; on la fait sécher ; on la conserve dans un lieu sec.

FERMENTATION, mouvement intérieur qui s'excite naturellement dans le *moût* des fruits mûrs, succulens, écrasés, rassemblés dans un vase, comme

raisins, cerises, mûres, pommes, poires, sorbes, etc. ou
dans les farines de grains germés, séchés, moulus,
délayés, brassés, comme bierre, etc., etc. Il s'y
excite de la chaleur; la masse s'enfle, bouillonne; il
s'en dégage un fluide pesant et invisible, acidule, qui
suffoque les animaux, éteint les corps allumés qu'on y
plonge, s'unit à l'eau, la rend piquante, rougit le tournesol, s'unit aux alkalis : c'est le gaz acide carbonique
qui se trouve aussi dans les pierres à chaux, les marbres.
Le moût se colore, devient piquant, parfumé, spiritueux ;
il en résulte le vin, le cidre, la bierre, etc. Si la fermentation est continuée, elle conduit à l'aigre; fait du
vinaigre.

C'est par la fermentation, que les farines réduites en
pâte, lèvent, s'échauffent, prennent de la saveur, donnent
un pain léger, agréable; que les pyrites, les tourbes,
les houilles mouillées s'échauffent et quelquefois s'enflamment; que le fumier, les feuilles, le foin, la paille,
les écorces d'arbres, s'échauffent, lorsqu'ils sont humides,
deviennent propres à l'incubation des œufs, à faire des
couches de jardin.

FEUILLE, organe nécessaire à la plante pour absorber
l'humidité et transpirer. Si un arbre chargé de fruits perd
ses feuilles, ses fruits se dessèchent.

On donne vulgairement le nom de feuilles à des parties
de la fleur dont le nom propre est *pétales*. (*Voyez* ce mot.)

FILASSE, substance propre à faire du fil, des cordes,
et qui se trouve dans l'écorce de plusieurs plantes, comme
chanvre, lin, tilleul, mûrier, apocyn, etc.

FLEUR, organe de la génération ou de la fructification

dans les plantes. La fleur complète est composée de *calice*, *corolle*, *étamines* et *pistil* (*Voyez* ces mots); elle est incomplète, si une de ces parties manque. La fleur est mâle, lorsqu'elle a des étamines et manque de pistil; elle est femelle, lorsqu'elle a un pistil et manque d'étamines; elle est hermaphrodite, lorsqu'elle a l'un et l'autre. La fleur mâle ne fructifie pas, mais elle rend la femelle féconde. La fleur femelle est stérile, si elle n'a pas dans son voisinage une fleur mâle (*Voyez* FÉCONDATION). La fleur est régulière ou irrégulière suivant le rapport de grandeur, la disposition de ses *pétales* (*Voyez* ce mot); elle est simple ou composée, semi-double, double ou pleine. Ces dernières, les plus riches en parure, sont des monstres en végétation, et ne fructifient pas (*Voyez* DOUBLE).

FLUIDE, se dit de tout ce qui, comme l'air, est sans adhérence dans ses parties, compressible, élastique, expansif, s'échappe à travers l'eau, les liquides en forme de bulles. On contient un liquide en le soutenant par les côtés et le fond; on ne peut contenir un fluide qu'en le soutenant encore par le dessus, afin qu'il soit appuyé dans tous les sens. C'est ce que les physiciens appellent aussi *gaz*. L'eau, suivant que le calorique ou le principe de la chaleur lui manque ou y abonde, est à l'état *solide* (glace), à l'état *liquide* (eau proprement dite), ou à l'état *fluide* (vapeur). Tel est le sens dans lequel les mots *fluide*, *liquide* sont pris dans l'*Annuaire* : il serait peut-être mieux d'appliquer le mot *fluide* à toute substance sans adhérence dans ses parties, et susceptible de fluer, comme l'eau, l'air; d'appliquer le mot *liquide* à tout ce qui coule sans être sensiblement compressible, comme l'eau; et le mot *gaz* aux fluides compressibles et élastiques, comme l'air.

G

GAZ. (*Voyez* FLUIDE.)

GOMME, substance transparente, blanche, jaunâtre ou rougeâtre, plus ou moins molle, qui peut se dissoudre dans l'eau, et non dans l'esprit-de-vin. Les pruniers, cerisiers, abricotiers, amandiers, donnent une gomme qu'on pourrait employer davantage dans les arts. On donne mal-à-propos ce nom à quelques *résines*. (*Voyez* ce mot.)

GOUSSE, *légume, cosse*, capsule composée de deux valves qui renferment des graines, comme dans le pois, la lentille, etc.

GREFFE, opération par laquelle un œil, un bourgeon, une petite branche pris sur un arbre, sont implantés frais dans l'écorce d'un autre arbre, dans une saison convenable pour avoir de meilleurs fruits. La greffe est par approche, en fente, en flûte, en couronne ou en écusson.

H

HERBACÉE. Une plante est herbacée lorsqu'elle a la taille, la consistance d'une herbe, par opposition aux plantes ligneuses, dont la consistance, la texture approchent de celle du bois.

HUILE ESSENTIELLE, substance liquide, volatile, odorante, inflammable, qui se dissout dans l'esprit-de-vin, l'eau-de-vie, entre dans les parfums. L'*huile grasse* n'est soluble ni dans l'esprit-de-vin, ni dans l'eau ; sert à la lampe, dans les alimens, dans les arts ; entre dans la fabrication du savon.

HYGROMÈTRE, instrument destiné à mesurer l'humidité ou la sécheresse de l'air.

L

LABIÉE, se dit d'une plante dont la fleur a sa corolle d'une seule pièce, divisée en deux lèvres inégales, situées l'une au-dessus de l'autre, renfermant quatre étamines, deux longues, deux courtes. Le fruit est formé de quatre graines nues, situées au fond du calice. La lavande, la melisse, le thym, le serpolet ont leurs fleurs labiées.

LÉGUMINEUSE, se dit d'une plante dont la graine est dans un *légume* ou gousse, comme le pois, la fève, le haricot.

LIBER, *livret*, partie intérieure de l'écorce qui se convertit tous les ans en aubier; il s'en reproduit un nouveau.

LIGNEUSE : telle est la plante dont la tige, les branches ont la contexture, la solidité du bois.

M

MALLÉABLE, qui peut s'étendre sous le marteau, comme le fer, le cuivre, l'argent.

MARCOTTE, *provin, surgeon*, branche qu'on couche en terre; elle prend racine; on la détache ensuite de la plante-mère pour la transplanter.

O

ŒILLETON. (*Voyez* CAYEUX.)

OMBELLE. Les fleurs en *ombelle* sont toujours posées au-dessus de l'ovaire, et supportées par des pédoncules qui partent d'un même point comme les rayons d'un parasol. Elles ont cinq pétales, deux stiles courts; à la maturité la fleur tombe, l'ovaire se partage par le bas en deux graines nues, égales, tenant quelque temps par un filet. La carotte, le cerfeuil, le panais ont leurs fleurs en ombelle.

OVAIRE, partie essentielle du *pistil*, contenant les germes ou embrions des graines qui sont sensibles même avant la fécondation.

OXIDE, terre ou chaux métallique. Les métaux soumis à l'action du feu et de l'air pur, fondent, perdent leur éclat, passent à l'état terreux, augmentent de poids ; c'est dans cet état qu'ils se nomment *oxides*.

P

PANNICULE, disposition dès graines de quelques plantes sur des filets déliés, ramifiés, laches, nombreux et disposés en pyramide.

PAPILIONACÉE : telles sont les fleurs des plantes légumineuses qu'on appelle aussi *irrégulières*.

PÉDUNCULE, filet par lequel une fleur, un fruit tient à la plante ; vulgairement, *la queue*.

PÉTALE, pièce de la corolle. (*Voyez* ce mot.)

PÉTIOLE, filet par lequel la feuille tient à la plante.

PISTIL, organe femelle des fleurs. Il en occupe toujours le centre, soit au-dedans, soit en-dessous. Il est composé d'un *ovaire*, d'un stigmate et souvent d'un style ou tube joignant l'un à l'autre. (*Voyez* OVAIRE, STIGMATE.)

PIVOTANTE, se dit des racines de quelques plantes qui plongent verticalement dans la terre.

POTASSE, *salin*, *alkali végétal*, substance saline qui attire l'humidité de l'air, s'y réduit en liqueur, verdit le sirop de violette, s'unit aux acides, est une des bases du salpêtre, est employée dans sa fabrication. On la retire, par le moyen de l'eau, des cendres de végétaux. La cendre gravelée est une potasse. (*Voyez* RAISIN.)

POUSSIÈRE des étamines. (*Voyez* ANTHÈRE.) Elle est composée de globules qui à la maturité s'ouvrent avec explosion, et répandent un fluide très-élastique, inflammable, subtil, expansif : c'est le principe fécondant qui pénètre par le stigmate dans l'ovaire.

PROLIFÈRE, se dit particulièrement des fleurs du milieu desquelles naissent d'autres fleurs.

PYRITE, cuivreuse, ferrugineuse ou arsenicale ; substance minérale, jaune, verdâtre ou chatoyante, ayant l'éclat du métal, cristallisée ou ayant une forme régulière, le plus souvent cubique. Une pointe de fer y fait une trace terreuse. Elle est composée de soufre, de terres métalliques, de terre d'alun, etc.

Elle noircit à l'air, s'y décompose, y effleurit. Des pyrites entassées à l'air, mouillées, s'échauffent, quelquefois s'enflamment, donnent dans leur décomposition selon leur nature, du sulfate de fer ou de cuivre, de l'alun, etc.

Disposées avec du bois par couches alternatives, en grandes pyramides tronquées, on obtient, par un feu étouffé, du soufre qui se rassemble au sommet.

R

RAMPANTE, se dit d'une plante dont les tiges filent sur la terre et s'y attachent par des racines, comme le fraisier.

RÉSINE, substance solide, fusible, odorante, inflammable, soluble dans l'esprit-de-vin, non soluble dans l'eau. Elle diffère essentiellement de la *gomme* dont on lui donne mal-à-propos le nom. Plusieurs plantes en fournissent.

S

SALIN. (*Voyez* POTASSE.)

SARMENTEUSES : telles sont les tiges ligneuses, grimpantes de la vigne. Un grand nombre de plantes ont leurs tiges sarmenteuses : c'est ce que, dans les deux indes, on nomme *lianes*, qui rendent souvent les forêts impénétrables.

SAUR-CRAUTE, *chou aigre*. Le chou coupé très-menu sur un rabot, est mis par couches avec du sel et de l'eau dans un tonneau. Il fermente, s'aigrit : on retire l'eau. Cette préparation, qui sert d'assaisonnement aux viandes bouillies, se conserve bien, supporte le transport.

SAVON, combinaison de l'huile avec la *soude* ou la potasse rendues *caustiques* par la chaux vive. (*Voyez* CAUSTIQUE.)

SOUDE, *alkali minéral*, substance saline qui ne s'humecte point à l'air comme la potasse ; elle verdit le sirop de violette, s'unit aux acides ; est une des bases du sel marin appelé en conséquence *muriate de soude*, est préférable à la potasse pour la fabrication du savon.

On trouve de la soude dans quelques grottes en France, sur les bords de quelques lacs salés en Asie : on l'obtient par la combustion de plusieurs plantes maritimes et par la décomposition du sel marin.

STIGMATE, partie essentielle du pistil des fleurs, placée au-dessus de l'ovaire, immédiatement ou avec un tube intermédiaire. C'est une ouverture quelquefois bordée de poils, qui s'humecte au moment de la fécondation, pour que la poussière des anthères s'y attache. Le stigmate reçoit et transmet aux embrions de l'ovaire, le fluide fécondant qui jaillit des globules de poussière de l'anthère au moment de leur explosion.

T

TAN, écorce de différens arbres, pulvérisée pour le tannage des peaux. *Seguin* en a rendu le transport inutile et l'emploi plus simple, plus économique et plus sûr, en retirant de l'écorce, par le moyen de l'eau, deux principes essentiels, l'un propre à débourrer les peaux, l'autre à les tanner ; ce dernier est la matière tannante ou le *tannin*. On peut faire le lavage de l'écorce, obtenir une dissolution plus ou moins forte dans les forêts, même dans celles qu'on ne peut exploiter.

TANNAGE DES PEAUX. Cette opération consiste, 1.° à les désaigner, les décharner ; 2.° à leur ôter le poil, *débourrer*, ce qui se fait de quatre manières ; à la chaux, à l'orge fermenté, au tan aigri, ou par l'entassement et l'échauffement des peaux ; 3°. à les tanner, ce qui se fait en mettant les peaux débourrées dans des fosses avec du tan sec, par couches alternatives. Tout ce travail demande deux à trois ans.

Seguin

Seguin est parvenu à tanner les peaux de veau dans deux jours, les plus fortes peaux de bœuf dans huit à dix jours. 1.° Il débourre dans une dissolution d'écorce privée de *tannin*, acidulée par un millième d'acide sulfurique; 2.° il tanne en suspendant les peaux débourrées dans une dissolution chargée de *tannin*. Ce principe pénètre, se combine avec la matière de la peau, la rend imputrescible, solide, en lui conservant sa souplesse quand il est nécessaire.

THERMOMÈTRE, instrument destiné à mesurer la température de l'air, de l'eau, etc. Il est composé d'un tube de verre terminé dans le bas par une boule, fermé dans le haut au feu de lampe, après y avoir introduit du mercure ou de l'esprit-de-vin coloré en rouge. Pour le diviser, on le plonge 1.° dans de la glace fondante; on marque sur le tube le point où s'arrête le filet de liqueur; 2.° dans la vapeur de l'eau bouillante, lorsque le baromètre est à 28 pouces; on marque ce second point. L'intervalle entre ces deux points est divisé en quatre-vingts parties; on continue cette échelle au-dessous de la glace et au-dessus de l'eau bouillante.

La retraite de l'argile dans le feu a fourni l'idée d'un thermomètre pour mesurer les grands degrés de chaleur dans les fourneaux de verrerie, de porcelaine, etc.

TOUROIR, *séchoir*, lieu où les brasseurs de bierre font sécher l'orge après la germination. Le grain est étendu au-dessus d'un gril de fer; au-dessous est un poêle de fonte dont le feu est modéré. Les murs du touroir font de briques ou de planches; le toit, de tuiles crues. Le grain séché est déposé dans un lieu très-sec; on le nomme dans cet état *drèche*.

V

Traçante, se dit d'une plante dont les racines s'étendent horizontalement entre deux terres, et poussent des *drageons* comme l'orme.

Tubercule, corps charnu qui se forme aux racines de quelques plantes, comme la pomme de terre, le topinambour, le macjon, et sert à leur reproduction.

V

Variété. (*Voyez* Espèce.)

Vivace, qui vit plusieurs années. On le dit particulièrement des plantes dont les racines ne périssent pas tous les ans, mais dont les tiges périssent et se renouvellent comme la *luzerne*, le *houblon*.

F I N.

TABLE ALPHABÉTIQUE.

A

V 2

C

G

H

FIN de la Table alphabétique.